U0531811

ALPHA MALE SYNDROME

商界精英综合征

〔美〕凯特·鲁德曼 埃迪·厄兰森 著

胡雍丰 周丹纳 天沃木森 译

商务印书馆
2008年·北京

Kate Ludeman　Eddie Erlandson

ALPHA MALE SYNDROME

Original work copyright © Kate Ludeman and Eddie Erlandson.
Published by arrangement with Harvard Business School Press.

图书在版编目(CIP)数据

商界精英综合征/〔美〕鲁德曼等著;胡雍丰等译. 北京:商务印书馆,2008
ISBN 978-7-100-05721-9

Ⅰ.商… Ⅱ.①鲁…②胡… Ⅲ.成功心理学—通俗读物 Ⅳ.B848.4-49

中国版本图书馆 CIP 数据核字(2008)第 000217 号

所有权利保留。
未经许可,不得以任何方式使用。

商界精英综合征

〔美〕凯特·鲁德曼　埃迪·厄兰森　著
胡雍丰　周丹纳　天沃木森　译

商 务 印 书 馆 出 版
(北京王府井大街36号　邮政编码 100710)
商 务 印 书 馆 发 行
北京瑞古冠中印刷厂印刷
ISBN 978-7-100-05721-9

2008 年 9 月第 1 版　　开本 700×1000　1/16
2008 年 9 月北京第 1 次印刷　印张 22¾
印数 5 000 册

定价:56.00 元

商务印书馆—哈佛商学院出版公司经管图书
翻译出版咨询委员会

（以姓氏笔画为序）

方晓光　盖洛普（中国）咨询有限公司副董事长
王建铆　中欧国际工商学院案例研究中心主任
卢昌崇　东北财经大学工商管理学院院长
刘持金　泛太平洋管理研究中心董事长
李维安　南开大学商学院院长
陈国青　清华大学经管学院常务副院长
陈欣章　哈佛商学院出版公司国际部总经理
陈　儒　中银国际基金管理公司执行总裁
忻　榕　哈佛《商业评论》首任主编、总策划
赵曙明　南京大学商学院院长
涂　平　北京大学光华管理学院副院长
徐二明　中国人民大学商学院院长
徐子健　对外经济贸易大学副校长
David Goehring　哈佛商学院出版社社长

致中国读者

　　哈佛商学院经管图书简体中文版的出版使我十分高兴。2003年冬天,中国出版界朋友的到访,给我留下十分深刻的印象。当时,我们谈了许多,我向他们全面介绍了哈佛商学院和哈佛商学院出版公司,也安排他们去了我们的课堂。从与他们的交谈中,我了解到中国出版集团旗下的商务印书馆,是一个历史悠久、使命感很强的出版机构。后来,我从我的母亲那里了解到更多的情况。她告诉我,商务印书馆很有名,她在中学、大学里念过的书,大多都是由商务印书馆出版的。联想到与中国出版界朋友们的交流,我对商务印书馆产生了由衷的敬意,并为后来我们达成合作协议、成为战略合作伙伴而深感自豪。

　　哈佛商学院是一所具有高度使命感的商学院,以培养杰出商界领袖为宗旨。作为哈佛商学院的四大部门之一,哈佛商学院出版公司延续着哈佛商学院的使命,致力于改善管理实践。迄今,我们已出版了大量具有突破性管理理念的图书,我们的许多作者都是世界著名的职业经理人和学者,这些图书在美国乃至全球都已产生了重大影响。我相信这些优秀的管理图书,通过商务印书馆的翻译出版,也会服务于中国的职业经理人和中国的管理实践。

20多年前,我结束了学生生涯,离开哈佛商学院的校园走向社会。哈佛商学院的出版物给了我很多知识和力量,对我的职业生涯产生过许多重要影响。我希望中国的读者也喜欢这些图书,并将从中获取的知识运用于自己的职业发展和管理实践。过去哈佛商学院的出版物曾给了我许多帮助,今天,作为哈佛商学院出版公司的首席执行官,我有一种更强烈的使命感,即出版更多更好的读物,以服务于包括中国读者在内的职业经理人。

在这么短的时间内,翻译出版这一系列图书,不是一件容易的事情。我对所有参与这项翻译出版工作的商务印书馆的工作人员,以及我们的译者,表示诚挚的谢意。没有他们的努力,这一切都是不可能的。

哈佛商学院出版公司总裁兼首席执行官

万 季 美

荐　语

　　商界领导人和棒球手一样，都需要教练的指导。凯特和埃迪的这本书能够帮助你提高工作中的击球命中率。他们教你使用必要的工具以保持公司的竞争力和活跃程度。如果你想赢一场自己的世界巡回赛，那么这绝对是你的必读书。

　　　　　　　　　　——波士顿红袜队董事长　汤姆·沃纳

　　这本基于大量研究成果的书能为所有经理人提供洞悉内心世界的机会，得到自省和启迪，这会使他们的工作和生活受益良多。不去回顾便很难向前，没有洞悉则无动于衷。

　　　　　——贝恩公司合伙人、《回归核心》作者　克里斯·祖克

　　认识埃迪之前，"让别人觉得很受打击"这一概念对我来说简直荒谬。然而一旦有所改变，我发现那是一种生活方式、思想态度和行为举止的刷新——也就是说，换一种活法。

如果你愿意关心周围的人，听听埃迪的建议吧！

——伊顿公司重载轻型卡车及中国卡车业务总裁　乔治·阮

当企业扩张时，典型的精英行为可能变成一种劣势。有了本书所提供的得力工具，争强好胜、充满动力的精英得以跨越文化和性别障碍更加高效地工作、创建高业绩的全球合作团队。

——AMD公司董事长兼首席执行官　鲁毅智博士

这本书揭示了精英男性和精英女性如何增强自身优势的绝妙方法，也让建立与众不同的高效团队变得轻松有序。

——QVC公司总裁兼首席执行官　麦克·乔治

在这本内容充实的书中，鲁德曼和厄兰森独到的眼光和实用的工具起到了画龙点睛的作用。它让你学会与那些富有竞争力的成功人士打交道，为集体的美好前景效劳。

——美国空军少将　玛丽·桑德斯（已退休）

是精英定义了整个团体的基调。这本书剖析了精英所作所为的原因，以及我们如何驶向成功彼岸。这是一本独特的书，充满实用建议、真知灼见和学术引证，并且搭建了一个全新的理论框架。

——摩托罗拉公司高级副总裁、全球公司治理总监
帕特里克·卡纳文

我已亲身体会到鲁德曼和厄兰森所作的深入研究具有化不羁力量为将帅之才的魅力。这本书是馈赠给我们的神奇礼物。你将最终发现你的成功之源，失败之因。把所读到的真正运用起来，就会发现切实的进步。

——畅销书《关键对话》两作者之一　约瑟夫·格伦尼

本书中的绝妙方法教会培训师如何应对那些压制团队精神的行为，使扭转具有破坏性的精英行径、探索与精英相处之道变得有据可循，并为团队取得高效业绩打下基础。

——美国 UCC 公司总裁　道格拉斯·巴斯勒

大胆的成绩需要大胆的领导。但是太多的头号选手的锋芒刺眼，白茫茫一片失去方向；各个坚强有力，无人愿做后盾。鲁德曼和厄兰森教你如何熄灭怒火，成为高效领导者。

——美国奥斯汀独立学区监理　帕斯卡尔·福希奥内博士

《商界精英综合征》教会我们在不破坏原有文化的情况下将精英融入团队的方法。与其将他们的全部都放弃，还不如取其精华去其糟粕。

——Zappos.com 售鞋网首席执行官及总监　谢家华

《商界精英综合征》描述了精英对企业思想、情绪和行为的巨大影响。它告诉精英如何利用自己的优势去打开局面，以获得更多的支持、忠诚与信赖。它是那些想创造持久高绩效文化人士的必读书。

——英杰生命技术有限公司高级人事副总裁 彼得·莱迪

太棒了,凯特和埃迪！你们的见解为商界一些无形的规则添加了秩序和结构。

——埃森哲国防与安全服务线总裁 埃里克·施坦格

还记得影片《猜一猜谁来吃晚餐》中的斯宾塞·特雷西和凯瑟琳·赫本吗？凯特和埃迪告诉我们的不是谁来了——而是谁露面了——还有我们不受约束的行为会给工作和生活带来怎样的不良后果。对于我本人、我的工作和生活都太有价值了！

——可口可乐公司高级副总裁 马克·马蒂厄

谨以此书献给我们有幸与之共事并从中受惠的那些坚持不懈的女性高管。我们敬佩你们超越常人的智慧、不断探索的精神、顽强不屈的毅力，还有你们不丢弃自己的立场、向精英男士学习的胆识。我们向你们的勇气和坚韧致敬。

目录
CONTENTS

致谢 ··· i

前言 ··· v

第一章　商界精英综合征——非凡优势、潜在风险和功能
紊乱 ·· 1

　　α是什么？ ·· 3
　　为什么强调精英男性？ ·· 4
　　"精英男性"从何而来 ·· 5
　　商界精英综合征 ·· 9
　　功能紊乱的商界精英会对公司造成怎样的伤害？ ········ 13
　　有关精英的硬数据 ·· 17
　　功能紊乱的精英特质 ·· 20
　　精英女性 ·· 26
　　你能从本书中得到什么？ ··· 33
　　这个时代，他们都在变 ··· 40
　　内容提示 ·· 43
　　行动步骤 ·· 44

第二章　四种类型的精英男性——他们的角色和面具 ······ 45
　　四种类型的精英男性 ·· 47
　　四种类型精英男性的优势与风险 ······························ 52
　　四种类型精英男性如何表达愤怒 ······························ 55

你是哪类精英……………………………………………………… 5
　　精英三角模式……………………………………………………… 6
　　打破三角模式……………………………………………………… 6
　　他们佩戴的面具…………………………………………………… 7
　　行动步骤…………………………………………………………… 7

第三章　精英指挥官——魅力超凡、才干出众的领头羊 …… 8
　　指挥官优势………………………………………………………… 82
　　精英指挥官的问题………………………………………………… 86
　　精英女性指挥官…………………………………………………… 98
　　指挥官工具………………………………………………………… 10
　　如何与精英指挥官共事…………………………………………… 1
　　行动步骤…………………………………………………………… 1

第四章　精英梦想家——高瞻远瞩的追梦人 ………………… 12
　　梦想家优势………………………………………………………… 12
　　精英梦想家的问题………………………………………………… 12
　　精英女性梦想家…………………………………………………… 14
　　梦想家工具………………………………………………………… 14
　　如何与精英梦想家共事…………………………………………… 14
　　行动步骤…………………………………………………………… 15

第五章　精英战略家——固执地自以为无所不知的分析天才 … 15
　　战略家优势………………………………………………………… 15

精英战略家的问题···158
　　精英女性战略家···170
　　战略家工具···174
　　如何与精英战略家共事···192
　　行动步骤···194

第六章　精英实干家——能把人逼到墙角的推动者·····················197
　　实干家优势···198
　　精英实干家的问题···202
　　精英女性实干家···213
　　实干家工具···214
　　如何与精英实干家共事···226
　　行动步骤···228

第七章　精英男性团队——谁都想当老大的俱乐部·····················229
　　能成为——或不能成为团队成员的精英男性···························231
　　精英优势怎么成了团队弱点···233
　　如何塑造高效团队···239
　　行动步骤···259

第八章　对精英男性的关怀与呵护——为了真正的健康
　　　　快乐···261
　　战斗还是逃避···262
　　精英大脑如何遭到绑架···264

A类人与热反应堆 …………………………………… 266
　　保持清醒认识 ………………………………………… 270
　　调整战略 ……………………………………………… 271
　　精英人士的家庭生活 ………………………………… 286
　　行动步骤 ……………………………………………… 294

第九章　训练精英人士——切实地改变，有效地改变 …… 297
　　训练可以助你飞翔 …………………………………… 301
　　你需要训练吗？ ……………………………………… 304
　　选对教练 ……………………………………………… 305

附录A　精英抽样测评报告 ……………………………… 309
　　精英的一般性特征 …………………………………… 310
　　精英类型 ……………………………………………… 312
　　精英行为主题 ………………………………………… 317

附录B　精英变量表 ……………………………………… 323

注释 ………………………………………………………… 329

作者简介 …………………………………………………… 337

致　　谢

从构思到出版，署有我们两个人名字的这本书其实是合作精神的象征和成果。我们衷心地感谢为此书作出贡献的人们，没有你们的努力就没有这本书的存在。

感谢菲尔·戈德堡（Phil Goldberg），他对贯穿我们工作的那些概念有很强的把握和运用能力；他的天才创造力使他分析道理就像讲故事一样轻松；他有很强的行文结构意识，在写作和编辑方面实为专家；他在整个过程中的每一步都值得信赖托付，为创造高质量的书稿始终如一地付出；与他的合作硕果累累而又不乏轻松愉悦。

感谢盖伊和凯瑟琳·亨德里克斯（Gay and Kathlyn Hendricks）启发我们形成了较为专业化的概念，让我们拓展了快乐和幸福的范围，并学会乐此不疲、充满热情地工作。

感谢哈佛商学院出版社的编辑梅琳达·梅里诺（Melinda Merino），是她发现了本书主题的潜力，是她的见解和支持让我们得到这样一个表达和展示的广阔平台。

感谢我们的代理人邦尼·索洛（Bonnie Solow），她对我们

致谢

的工作一如既往地支持,对于细节的关注能力无人能及。

感谢《哈佛商业评论》(Harvard Business Review)的编辑路易斯·奥布莱恩(Louise O'Brien),她和我们在那篇《精英训练法》(Coaching Alpha Males,2004年5月)的文章中合作过。是她的创意为我们的工作命名,同时她也帮我们发展了自己的品牌战略。

感谢温妮·肖斯(Winnie Shows),她在我们发表于《哈佛商业评论》的那篇文章和本书的构思方面都出过力。

感谢阿蒂拉·塞雷斯(Attila Seress)和詹姆斯·韩(James Han),他们所做的统计分析和程序编制对于精英优势及风险的有效衡量至关重要。

感谢Worth Ethic公司的领导团队,尤其是埃琳·米勒(Erin Miller)和凯瑟琳·鲁德曼-赫尔(Catherine Ludeman-Hall),她们在维持公司日常运营的同时还要为本书付出心血。还要特别感谢托尼亚·阿代尔·吉布斯(Tonnia Adair Gibbs)、多娜·哈伯(Dona Haber)、谢里·希克曼(Sheri Hickman)、莉萨·厄普森(Lisa Upson)和乔迪·威贝尔斯(Jodi Wibbels),她们在各个细节方面坚持不懈地为这一包罗万象的研究课题做出努力。她们对于如何与精英人士相处的见解或许比我们还要多!

感谢所有的客户,他们教会我们的东西超乎想象。他们在做出必要改变时体现出强大的领导风格;正因如此,他们深刻影响到他们的同事、公司和家庭。

感谢那些愿意提供亲身经历案例的客户,是他们的宽容与理解让这些故事有了分享给大家的机会,学习过程的益处才得以体现。我们相信开诚布公正是您最强大的影响力。

　　感谢我们的特别客户,戴尔(Dell)公司。他们始终致力于建立一个成功的公司。感谢他们允许我们在长达 11 年的时间里亲眼见证这一过程。

　　感谢所有人！我们荣幸地获得参与创造和贡献的机会,并同时陶醉于美妙的环境和氛围当中。

前 言

为什么会有那么多成功的领导者能够好到极致同时又坏到极致？

某种行为如果得到肯定效果，人都有重复这种行为的倾向。我们越是成功，就越会得到更多肯定效果，也就越容易去想，"我很成功，这就是我的处事风格。因为采取了这种处事方式，所以我很成功。"

大错特错！

所有接受我培训的客户都是取得非凡成就、地位和知名度的成功人士。许多都是精英男性。而且，就像凯特和埃迪在书中明确指出的那样，几乎所有高管的成功都是因为他们做了正确的事情——哪怕采取了极其错误的方式。《商界精英综合征》所说明的正是精英男性虽然成功但仍然要做出改变的必要性，若不改变，他们自身和他们的公司必如千里之堤毁于蚁穴；后来者若仅仅因为看到精英男性的成功一面便盲目仿效，简直荒谬。

许多精英男性在很年轻时便显现出他们的领导潜质。

前言

这一粗浅结论可以迅速沦为"神童"症候,即他们相信自己天生拥有过人才智,根本没必要做出改变。当他们开始自己的职业生涯,为了些许成绩沾沾自喜的时候,却常常忽略了对自己人际交往能力的培养,而这对于别人来说却是手到擒来——结果,往往是这种缺陷葬送了他们的前程。正如凯特和埃迪所说,"他们认识不到,能够凭借技能进入决赛并不意味着他们能够以此取得冠军。"也就是说,他们在取得最终胜利之前已经黔驴技穷了。

美国智睿咨询有限公司(Development Dimensions International)最近所做的一项研究表明,美国员工花费在抱怨或听别人抱怨上级管理的时间平均为每月10到20个小时。简直是浪费生产率!更甚,就是在浪费生命。我猜想,有很大一部分怨言都是说给本书中描写的那些不健康的商界精英听的。

这本书最吸引我的地方在于,它不仅让读者明白了什么是商界精英综合征,还告诉你该如何应对这种症候群。作者的观点是,"只要你本身能够做出改变,别人也会改变。"于是他们先帮你改变自己的行为——然后你的世界也随之改变——依如下两法:

1. 如果你需要应对精英男性(几乎所有人都要面临这一问题),本书会告诉你取得最好效果的关系处理方法,改变你惶惶不可终日或者只会浪费时间做无用抱怨的状态。

2. 如果你是精英男性(本书的大多数读者可属此类),它就像一面镜子照出你的所作所为,并指引你做出正面积极的改变。

因此,无论是与精英共事,还是你本身就是一位精英,本书都能帮你改变破坏生产力的行为,提升业绩,优化生活。

作为读者,我要提醒你一下。也许你会不自觉地认为这本书是谈论别人的毛病的。如果真是这样,你将错失这本书所传达的深层价值。读《商界精英综合征》时,如同面前摆着一面镜子。回想一下自己的生活和行为吧。凯特和埃迪也说,改变世界的千里之行,始于改变自己行为的足下。

——顶级高管培训师、《没有屡试不爽的方法》作者

马歇尔·戈德史密斯

第一章 商界精英综合征

——非凡优势、潜在风险和功能紊乱

人类历史是精英的历史,是那些掌握着权力、征服新世界、能呼风唤雨、扭转天地的人的历史。无论是领军征战、主导市场,还是成功塑造团队、统率大集团,精英因挑战而生,并全力以赴每一个别人看来无法解决的难题。敬仰和崇拜环绕着他们——同时又伴随着畏惧和躲闪。无论身在何处、所为何事,他们总能脱颖而出,给人们留下不可磨灭的印象。

商界精英随处可见。虽然目前还没有足够的硬数据,但我们预测,商界上层的精英比例已达到75%。其中有叱咤风云的大人物,也有默默无闻的小经理。有健康的——他们能够平衡自制——自然也获得同事的信任、竞争者的佩服、下属的尊敬和华尔街的追捧;也有危险的——不但殃及自身,还令整个公司陷入困境。他们的故事出现在呆伯特的漫画

第一章

里（Dilbert Cartoons，史考特·亚当斯是全球最有名的上班族——呆伯特漫画的创造者，他笔下方脸翘领带的电脑工程师呆伯特，道尽了小上班族被老板欺压之无奈，上有政策、下有对策，亚当斯也画出上班族不时使些小坏以抒发对冷酷组织的反叛。——译注），而不是千篇一律的管理书籍中。他们给人的感觉，嫉恨多于尊敬，恐慌多于信任；他们创造着公司的肥皂剧，剧中主角是苦不堪言、压力重重的下属；扔给公司的难题，代价一个高过一个；急于求成却毁掉别人和自己的职业生涯。为什么会这样？因为他们体内最强大的力量都已经转化为悲剧性的缺陷。这样模棱两可的精英综合征在《财富》（Fortune）和《福布斯》（Forbes）杂志评论中可以读到，从报纸头版画面上可以看到，从CNN和ESPN的报道中也可以听到：精英们能够带来辉煌业绩、创新突破、财源滚滚——也可以惹来权力滥用、公司破产、锒铛入狱。

和许多自然资源一样，精英的两面性与生俱来，干劲十足总是伴随着潜在危机。本书的目的就是帮助个人和公司抑制精英的信马由缰，将负面影响降到最低。如果你本人就是一位患有综合征的精英，知道如何改变周围的环境，本书则会教你如何转变自己，只有这样才能更有效地发挥所长。你将学会平衡支配内心，在精英综合征刚有苗头的时候就把它遏制。如果你所领导的团队或组织中栖息着商界精英，你将学会如何优化他们巨大的潜能，同时在剑拔弩张之前把火气熄灭。如果你有一位精英老板，你将学会在欣赏他们超凡领导才能的同时，躲避他们权力滥用的雷区，保护好自己的健康、诚实和职业生涯。

α 是什么？

α（阿尔法）是希腊文首字母。英语中，它可以表示"任何事物的第一个"。星象学中，α是星座中最亮的那颗。动物研究学者把它和头领联系在一起，也就是群中地位和权力的代表。如今，这一用法也引申到了人类社会。α定义为"社会场合或职业环境中倾向于担当主导地位的、或者是被认为具备领导素质和自信的人。"[1]

工作中的商界精英，表现出权威、强势的人格特征。这种人格特征由一系列特点组成。他们积极进取、目标驱动、时刻要求自己和周围的人做到最好；果敢干练、信心十足，哪里有好点子、新目标，哪里就有他们拼搏的身影；为了实现心中所想，他们坚忍不拔，使命感极强。一贯的争强好胜使他们只在乎金牌——对银牌铜牌根本毫无兴趣——纪录保持者的光环总是在身边围绕。即使表面低调沉默，但影响力非凡，受众人瞩目。

商界精英随处可见。无论是身处国际大集团的风口浪尖，还是在零售店的货架上忙忙碌碌，他们总在琢磨如何增强自己的影响力，要么主持会议，要么布置项目，总之绝不能无所事事。事实上，许多大人物当初都是默默无闻的小辈，但正是他们身上固有的精英症候，使他们脱颖而出，与众不同。这并不意味着，所有好领导都是精英；也不是只有精英才能率领团队取得胜利。恰恰相反，不同的公司或机构中，

第一章

许多高层都由非精英组成，职位由他们担当甚至更合适，因为他们更擅长以与周围环境相融合的方式来达到目标。即使不是商界精英，这些人身上也能找到某些精英症候，否则他们不可能胜任领导职位，更不能领导精英人群。

这些优秀、正面的领导风范只是精英症候有限的一部分，而另一部分则是那些能够将看似微小的问题酿成大祸的负面因素，殃及整个公司，甚至毁掉自己的一切（随后我们会详细分析），但现在要说的是，恐怕你在拿起这本书时就一直想知道的问题：这本书为什么叫做"商界精英（男性）综合征"（原书名直译为"商界精英男性综合征"。——编注）？为什么要强调精英男性？在这个很多领域都活跃着强势女人的时代，怎么不谈谈精英女性？

为什么强调精英男性？

因为精英男性的形象早已深入人心，一提到他们，自然而然会让人想到强健的体魄和干练的风度，相反我们很少听到把精英和女性放在一起的说法，尽管有很多身居高位的成功女性确实拥有精英的基本特质。事实上，本书的作者之一，也是这样一位精英女性。我们决定强调精英男性，主要有两个原因。

首先，他们在数量上占绝对优势。大多数情况下，在男性身上更容易找到精英的基本特质，商界中男性精英比女性多，尤其在高层决策者中更是如此。身为咨询者，我们注意到这样的不平衡性其实存在于我们合作过的每一个公司，并且,稍后你在本章中可以看到,我们的观察结果已由足够的研究数据佐证。关于"玻璃天花板"现象(通常专指女性所遭遇的在工作中升级时遇到的一种无形的障碍,使人不能到达较高阶层。——译注)的研究结果更反映出公司高层男女比例的失调。

北美商界妇女权益保障促进组织(Catalyst)的一项调查表明,尽管女性在管理层和高级职位上所占比例已达到50.3%,但她们所在的公司只有7.9%有幸跻身财富500强,而且女性比例在首席执行官行列中仅有1.4%。[2]

其次,很多时候都是不守规矩的大男孩在搞破坏。在有关精英症候负面因素的调查中,男性得分比女性更高。这又意味着什么?简单地说,精英女性虽然也有脾气,但她们远不像男性那样无所顾忌。她们好胜,会为自己和团队设定很高的目标,但霸道强权却很少见。她们之间也会发生激烈的竞争,但一般不会不择手段,把搭档和同事也看做你死我活的对手。这就是你在《纽约客》(*New Yorker*)的漫画中看不到作威作福的精英女性的原因。

本书中我们将以亲身观察和科学研究为基础,凸现精英男性和精英女性之间的差异,但主要着眼点还是精英男性,因为其中不乏精英症候最极端的表现方式。

"精英男性"从何而来

对于这一课题的兴趣其实源于我们自身。你看,我们俩都属于精英群族,正面积极的精英症候与我们事业的成功息

第一章

息相关,但那些负面因素又始终影响着我们的生活。

凯特(Kate)在孩童时代就有着精英女强人的信念和干劲。她在得克萨斯(Texas)南部长大,总是钟情那些我行我素的精英男子。一年级时,她已经知道怎样在红海盗游戏中击败看似强壮的男孩子——就是那么一个眼神,或者一个简单的微笑;而后,她又成功说服好几个自以为是的男孩参加她在小镇上组织的夏季学习班。四年级时,有坏孩子总是纠缠她的好朋友,最后等来的是她狠狠的一顿揍。大学里,她主修工程专业,4,000名学生中只有包含她在内的8名女生,尽管如此,她所带领的实验团队照样遥遥领先。

30岁左右,她涉足公司发展研究领域,主要任务就是培训精英男性。她总开玩笑说,自己是化猛汉为绅士的魔术师。她的许多顾客都是取得辉煌业绩、高负荷高运转的精英,但这有代价——管束和指使是他们很常见的为人之道,并且他们认为这是唯一行之有效的方法;他们从不把员工精神面貌当回事,甚至还将公司置于尴尬境地。

凯特的努力没有白费,她找到了精英男性的性格突破口,帮助他们成为更优秀、更人性化的领导者。成功的关键有二。其一,工程学专业练就了她的理性思维,将人际关系软信息转化为精英男性最熟悉的量化语言;硬数据的使用可以帮他们辨别当前行为的雷区、知晓改变现状所取得的效果,并给出衡量进步的标准。其二,心理学技巧和敢于直面精英症候的勇气(对于女人来说并非易事),毫不掩饰的谈话和一目了然的数据,这些魔法渐渐赢得刀枪不入的精英男性的信任，凭借这些，使得1,000多位高管加快了事业成功的步伐，也让他们所在的公司熠熠生辉。

再说埃迪（Eddie），29岁时他是密歇根大学（University of Michigan）的外科住院医师，还身兼两份外面的工作，本可以过着一家四口其乐融融的生活，但这些对于一个嗜"胜"成性的精英男性来说还远远不够。他决定参加马拉松比赛，就这样经历了50多次专业赛事后，26英里的长跑路程对他来说已不能构成挑战，于是又选择了超级马拉松，全力以赴每次长达100英里的比赛，置医生的建议于不顾，却最终造成应力性骨折。他渐渐意识到，就是那股子给自己不断加码的拼劲毁掉了他的膝盖，也正是这股拼劲，毁掉了精英们的事业。

作为一名心血管外科医师，他曾组建一支干练的医疗队伍，并在医院里身居要职，业余要训练他儿子所在的残奥会篮球队参加国家冠军赛，自己还能乐此不疲地坚持长跑。抓住每次尝试并驾驭新事物机会的同时，他也挤掉了与家人、孩子和朋友相处的时间。成为员工主管后，他发现同事明争暗斗、营私舞弊，于是运用自己的精英优势凝聚人心，但同时从他主刀的一万多次外科手术中总结出教训——他的病人有75%都属于精英群族。

看着这些争强好胜以至于医嘱左耳进右耳出、为了达到成功目标却以自己的健康为代价而走向手术台的病人，埃迪决定给他们换一种新药方。他开发了一整套科学益生课题，并最终摆脱了纯医学治疗，转向精英心理培训领域，帮助那

第一章

些强势高管在事业成功的同时不以牺牲健康和家庭生活为代价。

两人的不同经历由精英症候说起，现在又回到精英症候。虽然埃迪的精英男性挑战与凯特的精英女性奇遇相去甚远，但相同的是，精英症候的正面因素为他们带来巨大的事业成功和丰富多彩的生活，负面因素从他们事业受阻、高压力状态和失败的婚姻中可见一斑。1999年我们二人相识，彼此都愿意把对方当成一面镜子，互相寻找润滑剂去把对方精英性格中不可忍受的棱角磨平。最终我们成为眷属，移居加利福尼亚（California），在海边过着悠闲安静的生活。但是，就像真正的商界精英那样，我们又走极端了。工作压力锐减的状态保持了一年以后，我们那些正面的、健康的精英动力似乎丧失了用武之地。于是我们创建了一家专门针对商界精英及其问题公司的心理咨询诊所。

接受过我们培训项目的精英高管比比皆是，其中有戴尔公司总裁迈克尔·戴尔（Michael Dell）和首席执行官凯文·罗林斯（Kevin Rollins），易贝（eBay）首席执行官梅格·惠特曼（Meg Whitman），波士顿红袜队（Boston Red Sox）首席执行官拉里·鲁奇诺（Larry Lucchino），国防后勤局（Defense Logistics Agency）局长基思·利普特（Keith Lippert）中将，以及千余位来自诸如雅培制药（Abbott Labs）、艺珂顾问（Adecco）、AMD、阿玛杰恩（Amegen）、百时美药业（Bristol-Myers）、可口可乐（Coca-Cola）、伊顿电气（Eaton）、GAP服装、通用电气（GE）、IBM、英特尔（Intel）、KLA-Tencor（世界著名的专业美资半导体(芯片)设备供货商。——译注)、微软(Microsoft)和摩托罗拉(Motorola)等公司的副总裁及高管。整本书中穿插了大量的我们在这些公司中所体验到的实例,尤其是在戴尔公司,我们从1995年就开始和迈克尔·戴尔及他的管理团队打交道[3]。在这一电脑界巨擘崛起之初,公司领导就善于营造一种氛围,这种氛围使得精英正面因素得以最大程度的发挥,并把负面因素的干扰降到最低。

2004年5月,我们在《哈佛商业评论》上发表了题为《精英训练法》的一篇文章,向小众展示了一部分典型事例。结果读者反响热烈,因此我们决定拓宽研究范围,直至此书问世。写书和咨询工作的主要动力都在于:帮助个人和公司平衡利用精英因素,提高生产效率,加强团队协作,突出公司整体性。你将看到,我们不仅仅是在修筑城堡,更多的是在扫除障碍——固然要发扬优势,但也绝不能让那些风险、负面的因素恣意蔓延,否则它们将演变成为破坏团队、机构甚至整个公司的恶魔。本书中的各种得力工具将帮助你识别那些风险性极高的精英因素,并及时将它们扼杀在摇篮中,就像我们帮助那些曾经痛苦一时的高管那样。

商界精英综合征

这个世界需要精英,无可厚非,如果没有他们魄力十足的领导风范、不达目的誓不罢休的干劲、坚定的责任感和那些他们一挽袖子就埋头苦干时所流露出来的魅力,一切将乏味许多。处于巅峰状态的他们可以征服世界,反之——当不

第一章

经意、失衡或失去控制时——他们也会制造麻烦,削弱自己创造价值的能力。当他们的情绪差到极点,甚至会将周围的同事、家人和所在团队都卷入烦恼漩涡。事实上,精英自暴自弃,所有人都跟着遭殃,因为经济进步和社会发展离不开他们,也就是说,精英的正面力量无穷,但负面因素也可以极具破坏力。我们把这一系列复杂的特征称为精英"综合征",因为它不但符合这个词的基本定义——"表明某种行为模式的特有迹象或表征"——也符合引申含义:"出于失调或疾病状态下所表现出来的一系列复杂症状。"[4]

图 1—1 精英综合征的级别表现

1	2	3	4	5	6	7	8	9	10
功能紊乱			不健康			健康			优异

如图 1—1 所示,精英特征的不同表现可通过一条连续的、级别渐进的线段表示。一端是具有破坏性的功能紊乱,另一端是无比辉煌的领导风范,中间分布着从不健康到健康的行为表现。超乎常人的阵营中囊括了历史伟人、杰出政治家、工业巨匠、大慈善家、发明大师、将军勇士和世家之主,代表人物有:乔治·华盛顿(George Washington)、温斯顿·丘吉尔(Winston Churchill)和马丁·路德·金(Martin Luther King, Jr.)。相对的一端则充斥着身陷囹圄、给精英们抹黑的野蛮人——暴君、白领罪犯、臭名昭著的土匪强盗和乡下佬。

商界精英大部分处于级别线段的中间部分,其状态在病态和健康之间徘徊：他们富有感召力的风范使人尊敬，但咄咄逼人的态度却招致逆反、不满和报复情绪。人们为他们取得的成功喝彩，却反感他们留下的一片狼藉；人们敬畏他们的潜能与胆量，却为了要向他们汇报工作或成为其下属而愁眉不展。《哈佛商业评论》的编辑托马斯·A.斯图尔特（Thomas A. Stewart）在采访杰克·韦尔奇（Jack Welch，通用电气公司前总裁。——译注）和安迪·格鲁夫（Andy Grove，英特尔公司前总裁。——译注）过后有感："天哪，和他们对话真是受益匪浅，胜读十年书！和他们在一起的感觉很不错，但真庆幸他们不是我的老板呐！"[5]

在级别线段的功能紊乱一端，精英症候中的愤怒是爆发性的，精英之间的竞争是无情的，固有的激进和急迫程度已达到红色预警状态。顺着线段向右，精英行为负面因素的破坏力减弱，可控性增强，出现频率降低。进入线段标示的健康区后，你会看到危害程度较低的精英特质，精英们愈发受到人们的信任和尊敬，而不是惧怕与反感。当接近无比辉煌的领导风范一端时，精英能量变得让人敬畏，甚至被视为至高无上的精神领袖。

凯特的导师，理查德·法森博士（Richard Farson）在他的著作《管理谬误》（*Management of the Absurd*）中提到"强势力量也会变得软弱无力，比如在我们过分依赖于它或者运用不恰当的情况下。"[6]毅力特别强的人有时也会非常固执，能把事情分析得井井有条的人也很容易钻牛角尖。佛教中称这些弱点为其相对应优点的"近敌"。优点越明显越突出，其转

第一章

变为缺点的可能性就越大。这条规律在很多精英身上都屡试不爽。正因为互为近敌的优缺点之间此消彼长，就更可能形成导致不良影响的辐射力。

同是精英，沉浮有别，尤其在人际关系领域的表现更为明显。迈克尔·戴尔和迈克尔·艾斯纳（Michael Eisner），两位典型的商界精英，他们才华横溢，敢作敢为，很年轻的时候就有远大抱负，为了梦想可以付出一切，并凭借创新精神获得了非凡的成就。1984年，戴尔还是一名19岁的大学生，就已经开办了自己的同名公司，告诉妈妈总有一天他会超越IBM。同年，艾斯内开始了他辉煌而短暂的好莱坞生涯，担当沃尔特·迪斯尼公司（Walt Disney Company）的董事长兼首席执行官，于是迪斯尼公司完成了由古板老套的插班生到拥有花哨外表并成为华尔街宠儿的迅速转变。接着，戴尔被冠以财富500强最年轻首席执行官之美名。2005年，《财富》杂志授予戴尔公司年度最受尊敬的公司称号，而此时的IBM公司早已在竞争激烈的个人电脑界惨遭淘汰。[7]再看艾斯纳那边，还在为雇佣或解聘总裁迈克尔·奥维茨（Michael Ovitz）而搬弄是非，影响了公司的公众形象，惹毛了董事会，于是他的董事长和首席执行官职务也就此不保。

这两个具有传奇色彩的人物同时具备精英性格的非凡能量和潜在风险。他们都在事业上尽其所能，全心投入，给社会留下一连串的印记：才干超群、力量强大、创造力无穷、判断力敏锐、果敢的远见、打不倒的自信……还有很多很多。戴尔利用自己的精英资产成为了一位泽被后世的领导者，但艾斯纳却似乎早已被自己所谓的优势蒙蔽了双眼。[8]艾斯纳在位的最后一年,用报纸上的话说,迪斯尼的氛围可以用"偏执狂"、"诽谤中伤"和"内讧"来概括;而戴尔的企业文化则始终是合作团结,齐心协力。艾斯纳用铁腕手段采取一切条件束缚管教下属,戴尔则广纳贤才,集众家之所长。艾斯纳大权独揽,居功自傲,而戴尔却在巅峰状态时把首席执行官职位让贤给凯文·罗林斯,并成就了非同寻常的权力分配格局。戴尔旗下大部分有才更有财的高管都选择留在公司,而不是退休或者另谋高就;相反,艾斯纳在位期间好莱坞流传着这样的笑话:无家可归的流浪汉都举着牌子"愿意为迪斯尼效劳"。

功能紊乱的商界精英会对公司造成怎样的伤害?

作为咨询师被请进一家公司时,我们通常都是应一位有强烈精英症候的领导者之邀;但我们听到的抱怨却大多是精英们让人难以忍受。雇员们抱怨,专制独裁的精英经理总是动不动就骂人,他们管得太宽太细,有时候简直是浪费时间,造成混乱。合作者抱怨,面对的精英伙伴太苛刻,不耐烦,不愿倾听别人。同事们抱怨,周围的精英人群总爱出风头,不但拒绝合作,还要固执己见。经理们抱怨,自己的精英下属根本不听话。高管们抱怨,生硬粗暴的精英经理根本是在扰乱军心,使整个公司士气受挫。总之,每个人都在抱怨那些自以为是的精英人群。

我们所收到的这些牢骚垃圾不过只是冰山一角。"对付坏老板"网站(www.badbossology.com 美国智睿咨询有限公

第一章

司DDI旗下网站,教你如何与坏老板、问题上司和难相处的经理过招。——译注)的一项调查表明,"大多数人抱怨或听到别人抱怨坏老板的频率是每月10小时以上,而这个频率对于近三分之一的人来说是20小时以上。"[9]很多情况下,找我们来就相当于拨打911——形势危急。公司通常需要的是一种可持续的阶段性局面,而精英在很多时候都已经先入为主,太过武断,从而直接造成巨额开支、一盘散沙、事倍功半,最终欲速不达。

当然,精英也有一肚子苦水:下属对指示置若罔闻,动作不够麻利,总是需要督促。他们的自信心和自觉性是与生俱来的,因而对那些磨磨蹭蹭还邀功请赏的人干生气却不知从何下手。有些人确实更容易与事物、系统和思想打交道,处理人际关系对于他们来说非常棘手;他们的处世态度用一位精英经理的调侃来说就是:"如果我不用和别人一起,我的工作将会有趣得多。"

得知下属对他们直来直去的办事方法怨声载道,一些精英这样反击:"他们应该感谢我才是!"精英们认为,好钢一定要用在刀刃上。只要扎实肯干、别关键时刻掉链子——精英α能量是可以传递的。辩驳听来合理,但在大多数情况下,他们的烦恼是自己的领导风格缺陷所致,并不能归结为别人的无能。曾是一家著名高科技公司高级副总裁的肯·迪皮埃特罗(Ken DiPietro),出来为精英说话了:"没有一个理智的人愿意在与下属沟通方面发生摩擦,但是如果甩开团队,你一定会专注于自己的预期目标。"[10]

表1—1罗列了精英特征的优劣,即精英综合征的主要表现:过度发挥和不当运用可使优点转化为缺点,所谓"物极必反"。

表1—1　α精英综合征:当优点变成缺陷

α特质	对公司的价值	对公司的风险
支配,自信,有担当	决断力和勇气并存的领导者;善于布置任务,推动他人	无法成为强有力的领导;给别人造成威胁和恐惧感;固执己见
人格魅力,开辟拓荒	能够发现他人优势;激发他人内在潜力	给别人下套,诱使别人成为自己的工具
富有侵略性和好胜心	志在必得的心态;使他人也成为胜利者	与同事争高低;疏远他人;不愿肯定他人
强烈的使命感和目标感	实干型的高产者;为团队注入完成不可能任务的能量	好高骛远,异想天开
大胆,创新思维	想出绝妙点子;解决棘手问题;比别人看得更远	傲慢,顽固,武断,把自己的想法强加于人,拒绝吸取他人意见
坚持不懈,顽强	坚守信念;总是努力向前;哪怕失去好人缘,也要达到目标	把自己和别人都搞得筋疲力尽;急不可耐;认为自己可以打破规定
标新立异	强调速度;促使他人和公司在需要时做出改变并保持快速增长	低估公司的发展部署;在没得到他人支持的情况下就贸然行动
目光远大	认识到现实与未来远景的差距	过度关注将来,忽视了现实、近期目标和可行性
善于发现不足	指出问题所在,在事态恶化之前做出调整和改正	过分严格苛刻;不去肯定他人成绩;使人感到泄气

第一章

若是遇上患有重度综合征的精英，代价则更加惨重，远不止压力重重、生意告吹、产能下降那么简单。如果你听到高管层的某件丑闻，可以打赌这一定牵涉到那些自以为是、性格不羁的精英，他们认为他们可以无视规则。和其他精英风险一样，这种特质也有相对应的优点。富有创造力和热情的精英总要打破常规，冒出新点子；但也正是这种拒绝受限的心态，让他们逾越法律和规定的边界，逃掉了是冒险，逃不掉便是惩罚。自我形象越膨胀，手伸得就越长。"回头看来，我并非事事正确，"一位将投资者的两亿多美元都付之东流的高科技企业家这样说，"但我从来不曾怀疑自己。"这便是典型的精英行径：狂妄自大的他们会不择手段达到目的，哪怕这是一个使大胆的想法变成冒犯的行为的过程也在所不惜。

如果他们不嗜好金钱和权利，那么他们一定好色。我们发现许多患有精英综合征的领导者都拜倒在美女的石榴裙下，在追求刺激的过程中获得征服和主导的满足感。个人魅力和包揽一切的风范如同光环般围绕着他们，使他们显得格外迷人即便他们是最忠诚的伴侣——这种例子屡见不鲜——从宗教领袖到国家元首，也难以抵挡诱惑。

精英强烈的占有欲如果表现在这方面，不但会毁掉事业和家庭，为领导形象抹黑，也会让整个公司混乱不堪。下面的评论来自对一家遭到性骚扰案公开起诉的公司的全方位采访："如果你相貌平平，便得不到重视。他只注意美女，哪怕没头脑。""他经常黄段子不离口，总是色迷迷地盯着女士胸部。他的幽默很蹩脚，让人下不了台。至于绯闻，他绝对脱离不了干系。"

总之，精英不断进取的特质如果疏堵有道，可以是成功的必备条件；但如果把"达到目标不择手段"发挥得太过分，势必成为威胁个人事业和公司健康的隐患。

有关精英的硬数据

基于长期以来与精英共事和相处的经验，我们设计出一份深入反映及衡量精英特质的调查问卷。作为全面而科学的研究工具，此项评估不但能判断出你是否处于精英行列，还可以罗列出精英风险因素，指出是否能因发扬精英优势而获益。它还将性别变量考虑在内，对精英男性和精英女性分别使用不同的测试题目。

在展开第二章的讨论之前，做一下这个测试能够让你更好地把握此书主旨，具体说明请见"精英测评表"。（想快速得知你的精英优势和风险，请见本章结尾处"你是精英吗？"之简要测试。）

精英测评表是根据对 1,507 名测试者所展开的三项相互独立但彼此相关的测试结果总结而成的。参加测试者都来自商界，其中也不乏高级领导层面人选：有 1,484 位是从《哈佛商业评论》的读者群中挑选出来的，另外 123 位源于个人商务交往关系；其中 63.8％为男性，平均年龄 41.2 岁，来自不同民族和种族（65.2％为白人，3.2％为非洲人，20.8％为亚洲人，4.5％为拉丁美洲人，6.3％为其他），分别属于 106

第一章

个不同国家,上百种不同行业,包括农业、电信、高科技、房地产、教育、石油、汽车、财经和银行业。并且四分之三以上(77.5%)的人拥有主管以上职位。

在测评工具未得到优化之前,针对初始测试者的测试已显示出某些值得分析的结果。以下是归纳出来的一些显著的精英特点(相关细节请见附录 B;在我们的网站 www.AlphaMaleSyndrome.com 上可以找到更加综合且翔实的分析数据。)

总而言之,精英特质与性别、教育程度、焦虑程度、所在职位及 A 类性格(亦称 A 类行为模式,典型表现为对自己的期望过高,以致在心理和生理上负担都十分沉重。他们被自己顽强的意志力所驱使,抱着"只能成功,不能失败"的坚定信念,不惜牺牲自己的一切,乃至宝贵的生命,拼命直奔超出自己实际能力的既定目标。——译注)密切相关;这些因素都符合我们之前圈定的假设,并会在本书中加以分析。[11]精英风险的引发多出自男性的高度压力和紧张状态,伴随自我反省的缺失。[12]根据我们的数据总结,精英症候群的原型就是受过高等教育、具备管理经验、作风强硬、雷厉风行的 A 类人;高压力状态、抵触自我反省是他们走向反面的两大根本原因。

无论男女,其测评分数在所分析的因素上都呈现类似的分布趋势,但男性的平均分数总体上要远远高出女性。值得一提的是,男性在精英优势和风险两方面都获得了很高的分数(见附录 B,表 B—2)。这种趋势类似但差异很大的平均分数反映出领导风格的不同[13]。这一结果也与我们的个人观察相互吻合：精英男性多于精英女性，而且男性的精英特质表现得更为极端。这些统计结果是我们决定将本书重点放在精英男性上的主要动因。

精英测评

登录我们的网站 www.AlphaMaleSyndrome.com 还可获得更多的测评工具、练习和观点，它们可以作为对本书信息的补充。无论你是在寻找对自我还是他人精英特质的驾驭方式，都会从中获得启发。

想知道自己是否属于精英，请到 www.AlphaMaleSyndrome.com/assessment 完成精英测评（测试内容同时针对男性和女性），过程仅需 15 分钟，测试结果自动得出，并可即时形成分析表格。测评生成一个深入的有针对性的分析报告（样本请见附录 A），不但能够得出你是否属于精英，且能指出你的精英派别（见第二章）以及精英特质表现为优势还是风险。你还将得到有关强化优势及降低风险的专门建议。如果你不是精英，分析报告会给出发展精英优势以优化个人职业生涯的提示。

根据数据统计还可提炼出许多其他有趣的模式。比如，虽然被测试者的出生地是否是美国或美国以外的其他地区并没有对测试分数造成显著影响，但少数民族人群在精英优

第一章

势方面的平均分数确实要略高于白人;而精英风险方面的平均分数并未呈现出类似的民族或种族差异。所谓的"少数民族"其实未必是少数,测试结果从某种程度上反映了众多种族的现状:为了取得与白人相当的成绩与收获,他们需要加倍努力,付出更多。我们还发现年轻人比年龄较大的人在优势和风险两方面的平均分数都更高;教育程度并不能决定精英症候的性质——优势还是风险——但与普遍意义上的精英症候有关;身居高位与精英优势有关,但与精英风险无关。总体看来,这些数据表明,随着个人成熟程度的增加和领导地位的提升,正面积极的精英特质所占比例逐渐增大,精英行为模式也日益稳固。

测试的最显著结果烘托出本书的一个关键性结论:精英风险与精英优势紧密相关。数据显示,这两类测试量的高分数之间有很密切的联系。虽然并非完全对应,但总的来说,优势越强,风险也就越大。(见附录B表B—1)这样的类目划分又印证了我们前面的观点:如果经营不善,突出的能力将成为你沉重的负累。你的目标应当是,拥有最顶端的精英优势和最末端的精英风险。只有这样,你才能成为世上最受人青睐的精英领导者。

功能紊乱的精英特质

在动物世界里,对手们为了求得生存的一席之地而进行你死我活的争夺,因为级别越高就意味着能获得更多的食物和更大的特权,例如交配的机会。在人的社会中亦是如此,精英男性努力争取优势地位,这种动因在一定程度上能够带来积极健康的竞争过程和有益的结果。然而一旦过度,甚至走向反面,本是英雄不乏用武之地的精英,常常变得欺凌弱小、急功近利、不择手段。生性好斗,时时处处与人竞争,精英必须取得支配权,才能获得心理的满足,因此,他们时刻保持警惕,不容任何一丝获胜机会轻易溜走。

这些论断在我们的研究中早已水落石出。当我们对精英风险的数据进行因素分析时,可以归纳出三大主题:强硬的好胜心、对待人际关系的毫无耐心,和难以控制的坏脾气(见附录B,表B—3)。三主题的结合其实概括了问题精英行为的特点:他们用敌对眼光看待每一个人,在任何时刻对任何事情都得分个输赢,他们急不可耐地追踪每一个结果,还时不时变成火药桶一触即发。尽管总体来说处于领导地位的精英相对来说面临的负面风险程度较低,但他们更容易脾气坏、缺乏耐心和争强好胜。究竟是先有如此特征才做到了领导的位置,还是地位的显著引发了这些倾向,我们无从得知。

精英男性要的就是出类拔萃,需求不但十分明确,还必须即刻得以满足。如果你觉得无法衡量,他们会亲自将这种明确而立即的态度传递给你。那些处世公正,回应中肯并懂得控制自己情绪的精英,最终成为受人尊敬的领导者;而那些失去控制乃至癫狂的"精英"却能够毁掉整个团队、整个公司。

精英的争强好胜还能以迂回抵抗的方式展开。他们那

第一章

种非此即彼、强硬干涩的作风让旁人很是抵触,对于这种抵触心理,精英们深恶痛绝。荒谬的是,当他们的意见遭到别人的质疑、反对,甚或批评时,他们自己也极为抵触——却还要矢口否认,坚持说自己是在诚恳地讲出事实。[14] 谁知自己眼中的耳提面命在别人那里简直成了不堪入耳的说教。他们的抵触源于内心深处——那种自认为拥有全部答案,还必须证明给别人的自负,他们的内心里仿佛有一个声音在喊:我要解释,我要证明,我要说服。如果别人不肯接受,他们会翻过来调过去地说,放大嗓门地说,使出浑身解数地说。如果这些仍不奏效,他们会扔出更多数据,甩出更多逻辑,堆出更多事实,全方位突击。讨论升级为辩论,辩论演变为舌战,舌战最终恶化为口水仗。

如果两位功能紊乱的"精英"凑在一起,即使为了鸡毛蒜皮的小事,他们也能较量得不可开交。但如果换一位非精英人士上场,局面则大不相同。对方尽力解释阐明自己的观点,而毫无耐心的"精英"在一旁要么指指点点,要么干脆发起攻击。非精英索性承认怕了他了,只求自保,假装认同"精英"的观点。然而一同消失、一同被否定的是那些有用的事实和重要的观点,还有尊重、信任和支持。努力缩水了,相互学习停止了,连沟通和对话也省之大吉了。

抵触心理和另一负面的精英特征相比,可谓相形见绌,那便是更让人头痛的——喜怒无常。"我们根本不知道明天会见到怎样的麦克(Mike),是那个兴奋得冒泡、精气神十足、自信能够征服世界的傻小子,还是那个老虎屁股摸不得、见谁都要咬一口的危险狂人。"这段话出自一位员工在我们受一家大型消费品生产公司首席执行官的委托而进行的全方位调查采访时对老板的评价。和其他情绪化的精英男性一样，麦克也有阳光的一面，耀眼灿烂，能感染到身边的你我他，但阴暗的一面却让他变成披着羊皮的狼，令人退避三舍。

对于精英偶尔爆发、可以预知的情绪变化，下属们还是能够抵挡的，但太过武断、频繁发生、不分青红皂白的怒气，终究还是有些出格。难道只有火山喷发才能一解心头之恨？

另外一段描述高管坎达丝（Candace）的语言还算留了些情面："她就像知心姐姐一样：给你支持、富有耐心、善解人意、和蔼可亲。她会帮你达到自己的最佳状态。一小时以后，她却成了邪恶的巫婆，对人对事嗤之以鼻，把人批评得一无是处。"

麦克和坎达丝在发怒时的区别一部分可归因于个人性格和处理方式的不同，而另一部分则反映了普遍意义上的性别差异。在我们的研究中，精英男性在缺乏耐心和难以控制情绪方面的得分远高于女性（在争强好胜方面的得分差异则不那么显著）。（见附录 B，表 B—4）这与我们在实际情况下的观察结果相呼应。男性的脾气来得直截了当，无论是责难还是发怒都如此。而女性即使生气也会有所收敛：话语带刺，只看到坏的而完全忽略好的方面。她们也会给你暗示，让你明白自己所处的困境，并提示可能造成的危险后果；而不健康的精英男性则会给你当面指出，把问题摆在桌面上，根本不管你如何收场。

第一章

不论是撼动里氏震级的大暴乱,还是能够融化最坚实冰山的眼中怒火,更或是能让人冷到骨头缝里的蔑视,在精英症候弥漫的工作环境中都不足为奇。精英完全能够凭借自身"小宇宙"无穷的能量,去感染身边的每一个人。试将情绪恒温器由稳步上升调整至粗暴乖张,看看整个团队的情绪变化吧。当指针进入红色警戒区域,你得到的将是一群偏执狂人马。听说强忍怒火的精英领导马上到场,惊惶失措的人们都在猜测来临的究竟是天使还是恶魔。这遍布上下的恐惧感后患无穷:精力耗费,压力重重,藏着掖着的员工根本不能把心思放在工作上。

许多精英都错误地认为,惧怕能够促进生产力。他们以为丛林法则也适用于商界;但很可惜,捶胸顿足、大发雷霆的领导风格不仅早已不适用于今天的办公室,甚至在真正的丛林里也显得有些捉襟见肘了(参见下文"丛林一课")。

丛林一课

过去认为暴力是决定物种生存和基因遗传的决定因素。但通过对人类近亲狒狒的研究表明,这一论断并非放之四海而皆准。在一次与《财富》杂志的访谈中,斯坦福(Stanford)大学灵长类动物专家罗伯特·萨波斯基(Robert Sapolsky)提到,那些残暴乖戾的狒狒反而是群中最白费力气的。[a]而且,他们通过暴力夺来的地位保持起来并不像获得时那么容易。

谁能获得并保持首领地位呢?是那些"擅长拉拢盟友"的动物。长远看来,聪明才智、同盟关系和"示意暴力"比过分的侵略更加奏效。而且，那些只懂得使用暴力的硬汉在争夺伴侣的决斗中并不像先前认为的那样非其莫属。越来越频繁发生的是，善良温存的雄性更容易在不动声色中赢得伴侣的芳心，而不可一世的花花公子只会把姻缘拆散。说白了就是，好汉不吃眼前亏。事实上，他们会得到很好的补偿，获得的益处根本不次于有名无实的"暂时首领"。

萨波斯基推测，那些能够用意志控制冲动的灵长类动物也善于建立同盟关系，而那些没有冲动控制力、凡事依靠暴力的动物"则不能阻止自己跳出怪圈，只会做些没脑筋的蠢事搅黄整个计划"。对人类来说也是如此，一个坏脾气、只会把员工逼上梁山的老板和一位用信任尊重的眼光看待每位员工的老板，谁更受欢迎？结论：凡事都要占据主导的本能确实重要，但并非时时重要，尤其是在你缺乏感染他人、广结盟友和真正领导能力的情况下。

[a] David Grainger, "Alpha Romeos," Forture, August 11, 2003, 48.

可以肯定的是，老式横冲直撞的精英领导风格能够作为通行的管理工具适用于战场、赛场和商场。在形势突变、危机来临，或是会引起意外恐慌和不确定性的情况下，采取严厉的"命令并控制"手段确实能够保证秩序和纪律。而在普通情况下，精英症候发挥过度所带来的风险远胜于过去的年代。越来越多的领导者都意识到遏制精英风险对于企业成功的重要性，而那些吃到苦头的精英也在实际中学会了如何

第一章

驾驭风险。事实上,我们的研究发现年龄较大的精英比起年轻精英来在控制愤怒情绪方面的得分要高很多。看来心智成熟是解决困扰的好办法。

精英女性

我们的训练经历、调研数据和一系列科学研究本身都表明女性在领导者特征方面与男性相比多少有些差异。[15]这些风格方面的差异就像男性精英与女性精英之间的区别一样显著。像精英男性一样,精英女性也有远大抱负,向往权力,但她们通常不会有那么强的支配欲。处理情绪问题方面的高技巧使她们能够比精英男性更善于寻求合作和团结的机会,并能更妥当地采取双赢策略解决冲突。她们坚持己见、意志坚定,但这并不影响她们寻找后援和同盟,她们不会生硬地把自己的观点强加于人。

换句话说,精英女性是在领导,而不是在统治。越来越多的调研结果都证明了这些推断。研究表明,男性时常卷入充满竞争和风险的漩涡中不能自拔,而女性则更注重合作桥梁的搭建以及友好气氛的营造。在美国国家经济研究局(National Bureau of Economic Research)委托的一项调研中,分别来自斯坦福大学和匹兹堡大学(University of Pittsburgh)的经济学家缪里尔·尼德尔(Muriel Niederle)和丽萨·维斯特兰(Lise Vesterlund)决定验证一个普遍观点,即面对激烈竞争,女性退避三舍,男性趋之若鹜。在两男两女组成的若干小组中,给出的问题是简单的算术题,分别在两种不同的测试条件下进行。第一轮,每个测试者每答对一道题可得到 50 美分的奖励,彼此独立;第二轮则以锦标赛的方式进行,答对题目最多的获胜者可得到 2 美元的奖励,其他人则空手而归。每个测试者都可知自己答对的题目数,但不知与其他人的比较情况。第三轮时,测试者可分别选择前两轮的比赛规则,是排坐吃果还是胜者通吃。尽管最高的奖励分值相同但空手而归的可能性更大,结果男性选择锦标赛的人数仍是女性的两倍。

这一差异说明了什么?研究人员发现男性在获胜能力方面拥有更多的自信。虽然没有一个参与者能确定自己能够赢得前面所说的比赛,但有 75% 的男性参与者认为自己有这种潜力,而女性参与者的这一比例只有 43%。这也从侧面证明,精英男性比女性更愿意把自己定位为"无竞争不入"——甚至到了将公之于众的、高风险的竞争崇尚为自己大显身手的机会之地步。但个人实际能力的不同最终将评判精英男性的这一动机,究竟是开天辟地的大手笔还是弄巧成拙的危险源。而女性则更愿意远离竞争一身轻,即便她们早已胜券在握。[16]

还有其他数据表明,女性经理人更容易沟通、更包容下属,而男性则更愿意命令他人,一切以完成任务为中心。[17]男性生理特点决定了他们更需要在十万火急、千钧一发的情况下体内所产生的肾上腺激素,而女性则因平静谈话和搭建关系等和谐事宜中体内产生内啡肽而身心愉悦。[18]

《财富》杂志记者珍妮特·古扬(Janet Guyon)在《决策的

第一章

艺术》("The Art of the Decision")一文中写道,"通过25年来对众多首席执行官的采访,我可以肯定地下结论:君子善谈,才女倾听。"[19]至于此类论断确实反映了男女有别,还是人们早已广泛接受了这些没人能逃出的条条框框,尚待辨明。古扬说,"越来越多的研究团体"都认为男女两性在决策风格上确实有别。"女性相互协作,倾听他人,组建团队,而男性发号施令,当面指责,居高临下。"这篇文章还指出,男性更倾向于大权独揽,而同一职位级别的女性则更愿意通过他人间接处理。即使是在上层社会,女性会对奥普拉(Oprah)脱口秀节目津津乐道,而男性只关注他们感兴趣的ESPN(娱乐体育节目电视网)。

剔除公众的意见不谈,科学家们最终很可能将男女两性之间的差异归根于先天和后天因素的复杂融合。由于性别差异在领导地位上的表现更加明显,可以保守推测精英男性和精英女性——平均来说——看待相同全新情况的视角不同。精英女性凭借自然特有的好奇心,很可能将团队引向事情从未被探及的某些方面,而精英男性则更可能倾向于对已知事实的深入,并且他们会更强调探索新情况的风险。一旦选择了全新路径,女性会将新变化放入原有条件下进行考量,而男性则在新系统建立之后才去适应。

必须要强调的是,两种风格不分优劣。关键在于恰当环境下的灵活应用,并从异性思维中的优势方面获得启发。

领导风格的性别差异在我们年龄不大时就有所反映。例如,人类学家里奇·萨文-威廉姆斯(Ritch Savin-Williams)在一项以参加夏令营活动的青少年为对象的研究中,让同龄同性别但互不相识的营员待在一起。[20]结果男孩子马上开始争夺领导权,而女孩们则至少又等了一星期。男孩们通过嘲讽和欺侮获得优势地位;女孩们却彼此善待,建立了牢固的友谊。为了强调主导地位,男孩们掷以谩骂、拳头和硬物,不管对方是否受到伤害。女孩们则采取一些微妙的策略,比如传闲话、背后小动作,或是不理不睬,但她们对于弱者具有强烈的同情心。

如下面的短文"系统建立和感情代入"所描述的那样,一些科学家认为此类研究指出了两性之间的固有差异,即男性的系统建立能力较强,而女性则更倾向于感情用事。无论渊源在哪里,那些我们认为"女性化"的风格特点确实能够削减精英女性症候的锋芒。

易贝首席执行官梅格·惠特曼是证明精英男性和女性之间差异的绝佳例子。她对成功有强烈的渴望,喜欢控制、领导、说了算,并像我们合作的大多数男性高管那样重视量化数据。如果没有这些特质,《财富》杂志也不会将她连续两年(2004年和2005年)列入美国商界最具影响力的女性名单。[21]然而另一方面,她也能够很好平衡自己的系统建立和感情代入技巧,这只有最健康的精英男性才做得到。所有迹象都表明,是合作的领导风格让她建立了高效率、高动力的团队,使整个公司团结如一人,利润自1998年她接管后翻了七番。[22]"她最大的本事就是会用人,"易贝董事会成员之一、贝恩(Bain & Co.)公司前首席执行官汤姆·蒂尔尼(Tom Tierney)这样说。[23]

第一章

系统建立和感情代入

剑桥大学心理学及精神病学教授西蒙·巴伦-科恩（Simon Baron-Cohen）在他的著作《本质差异》（*The Essential Difference*）一书中定义了感情代入即设身处地为别人着想的能力。[a]它是人与人之间相互理解和交流的必要技巧。而系统建立则涉及打破常规、预测外部事件和操纵事物的能力。由于感情代入者关心别人的感受，也就愿意通过合作和对等而不是争斗来获取所需。系统建立者善于在打斗、竞争和政治纷争中运用他们系统操纵的能力。量化分析是系统建立者的强项，而情感交流则是感情代入者的法宝。

当然，我们可以找到感情代入高手的男性，和拥有很强系统建立能力的女性。但总体说来，女性在感情代入方面的得分高于男性，男性在系统建立方面的能力优于女性。这些趋势在我们年龄很小时就看得出来。同时把玩具汽车和人的脸庞放在刚出生满一天的婴儿面前，男孩会关注前者，而女孩的眼睛始终不离后者。一岁大的男孩会被电视里的汽车录像所吸引，女孩则更喜欢会说话的录音娃娃，甚至把声音关掉也是如此。小男孩推搡着去拿想要的东西，小女孩更多的是说服和恳求。调查问卷中，更多的女孩子选择了"我喜欢和别的同学在一起学习"，而大多数男孩子在"我希望比我的伙伴做得更好"一格里划了钩。女孩提出要求，男孩发布命令。女孩允许多种观点并存，男孩则在对错之间划出分明界线。[b]

所有迹象表明,摇篮里和操场上的区别最终在社会中得以加强,并反映到工作环境当中。理想的状况是,无论男性还是女性,只要能够在适当条件下灵活运用系统建立和感情代入技巧,就是健康精英。

[a] Simon Baron-Cohen, *The Essential Difference* (New York: Basic Books, 2003), 2-6.

[b] 同上, 29-33, 47-56, 83 页。

经营一家拥有 9,000 多名员工、1.5 亿客户的大公司,"惠特曼的领导和管理方式无形胜有形,"威廉·迈耶斯(William Meyers)在美国新闻网(USNews.com)上这样评价。[24] 风险投资家鲍勃·卡格勒(Bob Kagle)说惠特曼"代表了品牌的感性和理性两方面内涵。她能主动公正地倾听,意志坚定而富有竞争力"。[25] 那并不是我们所能联想到的精英症候综合表现,而是只有在最为出色的领导身上才能找到的品质。许多专家都认为惠特曼是象征未来管理才能的平衡体,如同混合动力车代表未来交通趋势一样。

精英男性症候的负面因素是否体现在精英女性身上?大致可以这么说。但女性也有自身症候的负面因素表现。情商可以是宝贵财富,也可以是问题产生的又一导线;寻求一致意见能够事半功倍,也能引来一大堆的潜在问题。如果过分关注别人的感受,你的沟通难免太不直接,没人能真正知道你的所想所说。得体的措辞让人把指示错当成软弱的建议,关键性的反馈意见也被误以为是温柔提醒。还有,尽

第一章

量避免冲突的领导风格压制了有益的竞争和高产的辩论,同时也否定了一项得力而必要的管理工具。

过度敏感能将优势转化为劣势的又一原因是,女性常被认为太过情绪化了。正如许多专家都观察到的那样,被激怒的男性或许能说成是个性强烈,发火的女性却是歇斯底里不可理喻。如果她们一点脾气没有,又让人觉得太过软弱无法委以重任。乔伊斯·拉塞尔(Joyce Russel)是全球最大人才顾问公司艺珂美国公司的首席运营官,她为人一副热心肠,又才华横溢、精力充沛,于是很容易就在同事间建立起融洽的关系。乔伊斯感觉到正是"圆滑随和"成就了自己的领导风格,而许多男性却认为她"肤浅琐碎"。

艺珂顾问北美地区首席执行官雷·罗(Ray Roe)认为乔伊斯目前的职位和她的能力并不匹配,很想推荐她成为自己的接班人。"她是我在工作中遇到的最佳高管,"他告诉我们,"但是她热情开放的性情总是引发人们的性别偏见。她的付出比得到多,因为典型女性化的处事风格让人很容易低估她。"其实乔伊斯根本不是"肤浅琐碎",她内心坚强又聪慧过人。但是她要比男性更加努力地工作才能证明这一点。"我的难题就是对事严格又要对人和善,"她说。她学着换一种方式做事,比如在演讲的开头罗列事实和数据,而不是人情上的嘘寒问暖;再比如直接进入事件主题而不是过分关注个人感受。

总的来说,和男子气概相关的那些特征,诸如理智、坚定、精力充沛,使得精英男性在过去成为人群中的自然领导者。而今随着工作内容和性质的变化，女性越来越多地出现在高级管理层，这两个条件互为因果，究竟是精英女性完全改变了管理风貌还是受到精英男性处事风格的影响，尚有待辨明。无论男性女性，需要的都是一个平衡点：公司的整体平衡、部门内部的平衡，还有最关键的，每位精英领导自身的平衡。而本书中的技巧能帮助你找到这一重要的平衡。

你能从本书中得到什么？

经常会有一些首席执行官要我们给他们公司初露头角的精英男性培训。这些精英男性管理起公司来才能超群、干劲十足、精力四射，但是他们就像是一颗未经加工的钻石，粗陋不堪，亟须打磨。大多数情况下，我们的客户自己总是惊诧不已——为什么所有人都认为他们应该接受培训呢？

当被告知他们的做事风格、行为方式不但令人畏惧，而且还会削弱士气、破坏团结时，这些精明能干的年轻人目瞪口呆。他们说，"我一向如此，却也一帆风顺。你们别想削弱我的能力。"当然，没人想削弱他们的能力，只不过想对他们的优势做点微调，给他们的棱角稍事打磨。他们认识不到，能够凭借技能进入决赛并不意味着他们能够以此取得冠军。如果要真实地认识自己的领袖潜力，他们需要与他人形成联盟，赢得同僚的支持，展现自己的成熟、智慧和才干，表现出自己在任何时候都能把企业利益置于个人荣誉之上的气魄。但不幸的是，许多人还没有认识到那些技能的重要性，就被拉出晋级人员名单了。

第一章

　　如果你是一位典型的精英男性,你可能会想"如果没有那么糟糕,就不必去管它",你甚至很想把这本书送给一位真正需要它的人。想想清楚吧!你或许会飞黄腾达,可也达不到你的期望——那是因为你身上的一些特点阻碍了你实现理想。更严重的是,精英男性的有些特质甚至会令你压力重重、精疲力竭。

　　据我们估计,有一半以上的中层经理属于精英之列。他们乐观自信、敢闯敢干、勇于负责,才迅速上升到今天的职位。在日常的工作岗位上他们得心应手,游刃有余。与那些非精英们相比,精英们还可以得到更多的晋升机会。的确,不具备精英特质的中层经理人——如果再不努力在他们的核心竞争力上狠下工夫的话——很容易晋升之后就止步不前,遇到发展的瓶颈。但是,对于那些克服不了自身风险因素的精英们也同样如此——他们从此进入发展的稳定期。究其原因,是由于越来越多的公司都无法忍受精英们的"弊病",比方说对人轻视贬低、专横霸道、无视他人的日程安排、以自我为中心。蛮横强势的精英总是通过威吓的方式领导他人。遇到聪明的首席执行官,可能会对他们稍加约束,令他们放不开手脚;遇到不善服从、恶意捣乱或以其他形式抵抗、报复的下属,则会给他们一个下马威,令他们威信扫地、挫败失望。

　　跟与我们合作过的几百名精英男性一样,你可以采取一套更加新颖、有效的办法。照此行事再简单不过:当你充分释放精英才能、降低精英风险时,你就会面临更好的升迁机遇,就有机会晋升到你理应达到的高度,而且每个人都很高兴你能够人尽其才。下面列出的是你将获得的益处。

- 领导能力得到显著改善。
- 工作关系更加高效、和谐。
- 与同事和雇员之间的合作更加默契。
- 得到同事更多的尊重和信任。
- 项目从规划到落实的过程更加顺畅。
- 自我表现更加真实,自信更加饱满。
- 压力降低,健康状况提高,家庭生活更加愉悦。

意愿—影响差距

想要收获,上面所说的这些益处,你就要从增强自己的思想意识做起。唯有诚实的自我反省和自我监督,你才能有效地运用本章提到的这些工具。

在我们对精英男性的培训过程中,我们用影响力轨线(见图1—2)来表示"意愿"在成功过程中的重要作用。首先,我们要客户按照几个类别分别列举出他们的意愿,比如对业绩,领导效果和关键关系等的意愿。然后,我们把他们的意愿与实际影响力作比较,让他们更加清楚地认识到期望与实际结果之间的差距。众所周知,知识、技能和经验等因素对有效的领导能力至关重要。坦率地说,身居高位、资历深厚的精英男性拥有所有这些优势。然而,他们对于自我的意识(纵轴)和对于如何影响同事、团队、客户以及其他核心参与者的意识(横轴),却是无法预测的。只要增强其中任何一种

第一章

意识，他们所产生的影响力水平就会提高。

图 1—2 影响力轨线

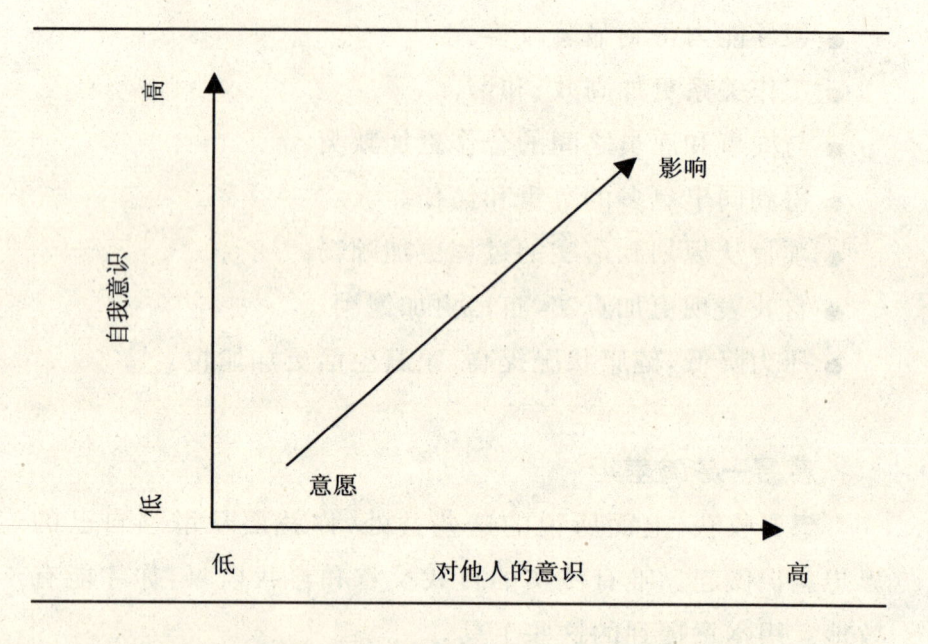

（纵轴：自我意识，低—高；横轴：对他人的意识，低—高；箭头从"意愿"指向"影响"）

一旦更加清楚地认识到自己行为产生的影响力，精英男性便能相应地加强他们沟通、合作和创造的能力，直接带来的结果就是更大的影响力和可持续性的业绩。反过来，这些进步又能促使他们不断调整自己的意愿，并产生更加明确的动机。通过提出诸如"我的核心信仰是什么？"、"我最深层次的价值观是什么？"等问题，我们的精英客户认识到了把自身行为和根本意愿统一起来的必要性。

例如，在2001年时，戴尔当时的首席运营官和总裁凯文·罗林斯（现任首席执行官）想把关爱、诚实和与人沟通等明确的价值充实到公司以业绩为导向的企业文化中去。凯文首先仔细考虑了自己的本质意愿和决心（由逻辑分析型的精英转型为一名鼓舞人心的领导者），随即提出了今日广为传颂的"戴尔之魂"。"戴尔之魂"不但大大丰富了高级经理人领导能力方面的培训内容，而且还在奖金衡量机制方面设立了新标准。在新的企业文化下，对经理人们的评估不再单纯根据他们的业绩表现，还要看雇员们与其共事时是否能够获得支持和培训。

每增强一点意识，行为产生的影响力就越大，你与崇高愿望之间的差距就越小——而且还可以顺带减少压力和消除疲劳，利于身体健康。阅读本书时，你越能结合自身、实事求是地自我反省，你能从中收获的益处就越多。

你有几分精英特质？

如果你还没做过这些，我们建议你最好先上网进行一下"精英在线测评"（在本章前一部分的"精英测评"方框中提到过），由此开始提高你对自我的认识。同时，下面这个一览表（"你是精英吗？"）也会帮你找一下感觉，看看自己有几分精英特质、这些精英特质具有怎样的价值、会带来多少风险。阅读每一条并以"是"或"否"来作答；如果两个答案均不合适，那就选择看上去最贴切的一条。你一定要认真阅读、仔细思考、诚实作答，以获得对自己最全面的认识，这样，在接下来的章节中你才会找到最适合你的办法和工具。

第一章

你是精英吗？
精英优势

- [ ] 不论做什么，我都是不达目的绝不罢休。
- [ ] 我总是能够清楚地表达我的想法。
- [ ] 玩游戏时，我总是喜欢赢。
- [ ] 我经常向他人质疑或是提出挑战。
- [ ] 我期望我的下属能够做到最好，并帮助他们实现这一点。
- [ ] 只要我自己认为正确，哪怕他人不认可，我也会选择自己的决定。
- [ ] 对于我了解的事情，我很有自己的想法。
- [ ] 对于自己表现出的能力，我毫不怀疑。
- [ ] 领导他人时，我总是设定很高的目标和标准。
- [ ] 甚至在我已经取得成功的时候，我也总是在想原本我可以做得更好。

精英风险

- [ ] 我一直拿自己与他人作比较。
- [ ] 只要能够把工作做好，我不在乎我的风格是否伤害了别人的感情。
- [ ] 当别人与我意见不一致时，我通常把它当作是挑战或侮辱。
- [ ] 我会认为别人比我更需要改变。
- [ ] 如果我有好主意却没有机会表达，而且还要听些比较

"逊"的东西,我很快就会表现得烦躁不安。
- □ 当我不得不重复我说的话时,我会变得简单粗暴或是灰心泄气。
- □ 我的工作关系中大多暗含竞争较量。
- □ 我不去花什么时间与同事们建立联盟或协作。
- □ 人们告诉我,我应该更好地倾听。

虽然不是在线评估这样的"精密仪器",但这个一览表也能让你对自己的精英特质有个粗略的了解。如果你对精英优势这一部分的回答为"是",则说明你是一位精悍高效、举足轻重的领导者。

如果在精英风险这一部分中你有一半或一半以上的回答为"是",则说明你身上的一些精英特质值得注意了。如果你的答案中有七八个"是"的话,很可能你的精英风险已经成为负累、限制了你的成功。你快有麻烦了。

如果你在两项的"是"都很多的话,也不用困惑,这是因为精英风险主要是由于精英优势过强或者应用不当造成的。这是预料之中(当然也有例外,积极健康的精英会努力调整,降低自己的负面影响)。另外,千万别把这个小测试当作对你个性的分析。在阅读这本书的过程中,你要特别留意与你的自我认识有共鸣的地方以及与别人对你的评价一致的地方。

第一章

这个时代，他们都在变

随着商业的变迁，昔日最强劲的竞争者得以生存的强势、干练和冲劲，在今天越来越不适用。在如今的社会，智慧比体力强悍百倍。所以，哪怕一个身材矮小的人也可以成为思想的巨人，发挥出巨大的能量。在一个善于同心协作而非单打独斗的企业中，情感上的智慧比高声怒吼或面红耳赤更能够激发下属的忠诚。如今的雇员都受过良好的教育，更加注重情感的交流，他们更加重视工作带来的满意度和工作与生活之间的平衡。因此，对于恶言相向的经理，他们会选择辞职而不是屈就。而且，在全球化的推动下，公司遍布世界各地，职员文化背景各异，这样多元化的团队需要能够有效沟通、懂得教导并善于不断激励的经理人。随着安然等几家大公司的丑闻被披露，那些顽固不化、无视企业规定、骄横自负、滥用职权的精英们不再受到人们的青睐。

糟糕的是，依然有许多高管像典型的能干之士一样，对精英男性委以重任、授以高职。当他们醒悟到，精英们已经成为企业的负累、为企业运作带来障碍时，可惜为时已晚。因为他们发现"江山易改，本性难移"。就像很多体育教练对于那些恃才傲物、暴躁蛮横的明星队员一味娇纵包容，而认识不到他们之于团队早已成为一颗"毒瘤"一样，有些经理人竟然可以几年、乃至几十年对精英男性放任自流，他们说："精英们决定着我们的市场。"实际上，他们严重误算了不健康的精英特质为企业发展带来的风险和效益。比如说，哈佛大学商学院教授蒂齐亚纳·卡夏罗（Tiziana Casciaro）和杜克大学商学院教授米格尔·索萨·洛博（Miguel Sousa Lobo）的研究都表明：对于建立健康有效的工作关系来说，个人感情比能力更为重要。"我们发现，如果一个人极其不受欢迎，那么他有能力与否就无关紧要了，"他们说，"而另一方面，如果一个人人缘很好，那么哪怕他身上的一点点才能也会被同事们发掘出来。"[26]

在今天的商业环境中，创建一个充满信任、尊重与和谐的工作环境对于成功与否至关重要。凯文·沃格特（Kevin Voigt）在《华尔街日报》（*Wall Street Journal*）一篇题为《老板不得人心，企业蒙受巨大危害》"Malevolent Bosses Take a Huge Toll on Business"的文章中提到了哥伦比亚大学进行的一项研究。研究以美国、日本、新加坡和澳大利亚等9个国家的1,000名员工作为对象。[27]其中，90%的人承认在他们的职业生涯中曾遭受过老板的不公对待，而且有20%的人每天都要忍受他们的糟糕老板。当然，企业为糟糕老板付出的代价就是生产率降低、士气低落、人员离职率高，更不用说员工为此承受巨大压力、导致生理心理失调而带来的高额医疗费用了。而且，人们一旦感觉受到了无理伤害或者不公对待，就很难对企业保持忠诚。许多员工辞职跳槽，使得经济学家们担心这将会引发出另一个趋势——国家基础工业人员短缺。

比如旧金山州立大学的一项研究发现，大多数人离职的主要原因并不是由于他们收入不高，而是他们渴望在工作中

第一章

能够"被尊重、迎接挑战、发展自我"。[28]对公司而言，留住最宝贵的员工当然比招聘新人、进行培训更加节省成本。所以，如果公司想要降低人员离职率，高层管理人员就需要明白"风雨之后有彩虹"、"没有痛苦，就没有收获"、"先苦后甜"等管理方式并非放之四海而皆准。实际上它已不适用于今天的社会：如今的员工都拥有良好的教育背景、具备较高的技能素质，他们根本没有时间去忍受"痛苦"。

做事完美无瑕，才能卓越超凡，这使得精英们最有希望成为领导岗位的最佳人选。然而，对于许多精英男性来说，作为今日的领导者所需的诸多技能并非他们与生俱来的。比如说懂得激励和鼓舞，擅长教导和沟通，为员工们树立正直诚实、发展进取的榜样等。而且，那些先天不足、后天又未能及时补强的精英们，就愈发不适合他们的岗位了。管理学教授摩根·麦考尔（Morgan W. McCall Jr.）以及组织心理学家乔治·霍伦贝克（George P. Hollenbeck）在《什么才能使领导者在全球环境中获得成功？》（Developing Global Executives: The Lessons of International Experience）一书中对处于全球环境下的经理主管人员所谓的"普遍致命缺陷"进行了定义。[29]在他们看来，"致命缺陷"包括与关键人物的关系糟糕、缺乏人际交往技巧、不会寻求帮助以及无法适应改变等一系列表现。这些缺陷与精英男性特质本身的风险十分类似。正是基于以上原因，如何巧妙地对精英男性进行管理就成为当今企业面临的最关键的任务之一。我们写本书的根本目的就是为了帮助精英男性充分发挥他们的优势、减少优势反面的副作用、释放他们被抑制的效力。除此以外,我们还希望以此帮助精英们的同事、团队和经理人们更有效地与他们合作。只要了解了精英特质、调整你对他们的态度、学会如何与他们打交道,你就能让你的工作环境变得更加高效、和谐,更益于个人发展。

内容提示

  在下一章中,你会了解到四种基本的精英类型:指挥官、梦想家、战略家和实干家。你还会看到我们所说的"精英三角"并掌握破除这个圈套的强大工具。

  第三章至第六章深入描述了每一种精英类型;你还会熟悉每一种类型在日常工作中的风格,并学到实用的方法,告诉你如何在把精英优势发挥到最大化的同时抑制精英特质带来的风险。

  第七章主要对精英男性在团队中的影响力进行了检测,然后教授给你一系列有效的方法来处理团队中与精英相关的各种问题,使你的"梦魇队"变为"梦之队"。

  在第八章中,我们主要讨论了精英男性的饮食和保健问题,可以帮助改进你的健康状况。可别认为这是个无关紧要的话题,因为随后你就会明白,这是一个非常关键的、你应该注意的基本问题。

  最后一章简要地教给你如何把在这本书中学到的一切落实在行动上并坚持下去。在这一章中我们主要强调了培训的重要性,因为培训是每一位精英男性——乃至为精英男

第一章

性工作或与他们共事的每一个人都应当充分利用的事情。

行动步骤

- 首先全面熟悉精英男性的各种优势以及优势反面的副作用。
- 认识到身心健康、发挥积极作用的精英男性和功能紊乱、为企业发展带来危害的精英男性的根本区别在于他们如何处理人际关系。
- 检查一下精英男性的优势,包括你自己的和/或你的同事的,看这些优势为企业的发展作出了怎样的贡献以及精英风险如何破坏企业的生产率、降低员工士气和工作效率。
- 找出你所在企业中的精英领导者,注意观察精英男性与精英女性之间的区别。

第二章　四种类型的精英男性

——他们的角色和面具

2005年《财富》杂志评价,戴尔从白手起家一跃成为行业市场份额的全球领导者,主要原因之一可归结为"迈克尔·戴尔身边处处都是良师益友"。[1]

曾是公司顾问、后来成为戴尔公司首席执行官的凯文·罗林斯就同迈克尔一起打造出在大公司里实属罕见的领导间合作关系。二人这种非凡高效的组合使得他们求同存异、扬长避短、相辅相成。

好东西总是得来不易。刚开始的时候,性格差异带来的甚至是冲突和麻烦。迈克尔脑子里不断涌现的灵感和凯文一丝不苟、有板有眼的理性分析格格不入。一旦有了超越现实的大胆构思,迈克尔便会拿来与凯文分享,换来的却是严格的评估过程和种种条件限制。面对这种残酷的否定,迈克尔慢慢地绕过凯文,到下属中广泛寻找跟他有共同语言的工

第二章

程师。然而,这又让凯文失落万分,因为自己的工作就是要确保季度计划的完成,确保每个人专心致志,尽快完成分内工作。两个人在公司的长期目标方面取得了一致,但迈克尔的灵感时区太超前,想象力太丰富,好点子的实现远远跟不上它的产生速度。

随着时间的推移,两个人都渐渐发觉彼此在很多关键方面的共同点:他们都有强烈的好胜心,都为分析型,喜欢以数据为基础;而且他们深层的意图是一致的。但共同点仅此而已。后来,他们下决心相互学习,直面各自的局限。后来他们终于意识到,两人角度与风格的差异其实可以使他们的合作较之单兵作战更加卓有成效。凯文试着更加开明地去接纳迈克尔的想法,并帮助他制订实施方案。同时,迈克尔看到,凯文对于各种花哨的想法会分散大家精力的担心并非刻意设置障碍,而是出于实际的考虑。通过学习相互取长补短以及控制各自的风险因素,偌大的公司在他们的带领之下不断创新腾飞,同时持续保持高效运转,达成既定目标,而不是浪费资源去追求遥不可及的梦想。

通过与迈克尔、凯文一类的卓越领导人一起共事,我们意识到,并非所有精英男性都是雷同的。诚然,他们有着某些共同的特点——如第一章所述——但个体差异非常明显。在许多情况下,个体差异会引发他们之间的爆炸性冲突,甚至演变为组织动荡。但有时候,差异也会相得益彰,激发惊人的创造力,大大提高团队整体效率。后来,我们逐渐在诸多差异中总结出几大类风格。我们发现主要存在四类风格迥异的精英男性,分类依据为精英测评研究所得之数据。这四大类精英男性,我们分别称之为指挥官、梦想家、战略家和实干家。

四种类型的精英男性

所有精英男性都具备强烈的进取心,且争强好胜、充满斗志。他们擅长宏观思维,高瞻远瞩,利用勇气、自信和坚韧达成他们的目标。但四类精英男性在这些共同特点的表现方式上却各不相同,就像给精英男性这道主菜加了不同风味的作料。了解四种类型之间的细微差别,会加深你对自己以及身边精英男性的认识,帮助你更清晰地看到自身的优势以及需要警惕的风险。有了更细致的认识之后,才能有针对性地采取一系列具体措施,正如医生了解病人病症的具体类型之后才好对症下药是一个道理。

现在让我们简单总结一下这四种类型的主要行为特点:[2]

- **指挥官**:强势且有号召力的领导者,擅长一锤定音,鼓舞队伍的士气,并利用权威的力量和激情的动员推动各项措施的落实,不会过多关注细节。
- **梦想家**:好奇、豪放、直觉力强、积极、目光长远,别人认为不切实际或不可能的事情在他们眼中也许是难得的机遇,而且他们擅长用愿景激励他人。
- **战略家**:注重方法和体系,多为卓越的思想家,看重数据和事实,具备优秀的分析判断能力,有着一双善于

第二章

捕捉规律和问题的敏锐的眼睛。

● **实干家**：不知疲倦、视目标为一切的执行派，各项计划的推动者，关注细节、纪律严明，善于监督、克服一切障碍，确保大家各司其职。

看到这里，你也许会说，不仅精英男性，所有人都可以这样分类。在某种程度上来说，的确是这样，但我们关注的是精英男性，他们在进取心的强度、旺盛精力的持久度，以及争强好胜的程度等方面与一般人相比，均胜出一筹，显示出卓尔不群的特质。正是我们刚才所描述的那些区别于一般人的特点，才产生了"商界精英男性综合征"这一特殊的说法。

有一点需要注意：精英男性四种类型之间的界线并不是十分清晰的。虽然每一个精英男性主要属于某一种类型，但他同时也可能兼具其他某种类型的某些特征。例如，精英梦想家也许同时具有强烈的战略家倾向，或者隐含着某些指挥官的特点。精英男性测评研究显示，精英男性在主要表现为某一类型特征的同时，也可能在不同程度上具备其他三种类型的某些特点。虽然各种类型均具有其独特性，但它们之间存在约20%的相关性。

以我们自身为例，我们两个人都属于梦想家，但埃迪同时表现出指挥官和战略家的特点，而凯特则同时拥有许多实干家的特征。我们都有着远大的目标，但凯特总会通过非常实际地指出我们在实施过程中将会面临的挑战来证明她自己的观点，而且讨论不见成果，她决不会放弃。相比之下，如果埃迪想做一件事,他会首先利用自身的魅力和幽默鼓励人们支持他。在引用数据论证之前,他更倾向于通过描述实现该目标会给人们带来哪些利益来鼓舞人心。

根据我们的经验,最成功的精英男性是那些能够有效结合各种类型优势的——或者说能够通过身边的助手达到这一目的的人。例如,对某项具体的任务,四大类精英男性的看法可能分别是:

- **指挥官**:这项工作需要找个人负责并领导实施。
- **梦想家**:我看到一个大好机会,正等着我们去发掘和利用。
- **战略家**:需要分析并确定潜在的机会和风险。
- **实干家**:完成这项任务需要完美的架构和控制手段。

由此我们可以看出四种类型不同的价值取向,以及在不同情况下,怎样进行优势组合,按照什么比例进行组合,才能达到最理想的效果。例如,迈克尔·戴尔属于梦想家,同时带有强烈的战略家倾向;凯文·罗林斯同时具有战略家和实干家的显著特征。他们所属主要派别的优点形成互补,同时中和了他们的缺点。

不幸的是,不是所有精英男性都能够很容易地认识到这一点,大多数人总要在磨合期付出代价。在写这本书的过程中,我们从一家公司了解到这样一个情况:两位精英男性不和,产生了很多麻烦,股东们为此夜不能寐。这两人中,其中

第二章

一个是年轻而目中无人的指挥官,职业发展时间不长但却是后起之秀,不到 30 岁就提升到副总的级别。另一位是公司的首席执行官,属战略家精英,是前者平步青云途中主要的提拔者之一。

而这位年轻人刚刚坐上高位,两人的关系就开始恶化了。年轻的副总帅气、有魅力,一时间,和他同样年轻、野心勃勃又富有才智的追随者趋之若鹜。他鼓舞士气、激励创新、一呼百应的能力令人惊叹,致使分析家们认为公司注定会后来居上,继而立于百年不败之地。然而,善于发号施令的年轻人逐渐开始依赖自己的一套。之前他还有所保留,知道适当时候保持低调,而现在他开始原形毕露了。他是明星,无时无处不想闪烁出耀眼的光辉。但问题是,他依然要向那个战略派的首席执行官汇报,于是风格上的差异开始使两人之间产生摩擦。

战略家首席执行官不但自己缺乏领导人的魅力,他也不需要这种魅力来加强自己的领导权。他注重细节,可以不费吹灰之力从一堆数据中一下子总结出有价值的规律,让年轻人的眼睛熠熠发光。其他人看到的是杂乱无序,而他看到的则是清晰的结论。他讲究方法和体系,不相信那些感情用事的领导者,而且他不喜欢看到出乎意料的事。正因为这两个原因,像那位年轻副总一样的野马及其追随者便让他坐立不安。他意识到,自己之前力荐的人选原来对最高管理层的现实一无所知,同时认为自己一手提拔的人根本不知感恩戴德。他总抱怨说:"他应该感激我提拔他坐上这个职位,可他

呢？却过河拆桥！"³

　　这样想并没有错。事实上，那位年轻的副总的确认为首席执行官已经过气，没有利用价值了。年轻人越来越不情愿被首席执行官的那套方法和严格的控制体系所限制，他渴望自己说了算的那一天，而且已经等得不耐烦了。他一点一点争取更多的自由，而首席执行官则变幻不同的方法对他加以控制，到最后，他宁愿辞职也不再想在前恩师的手下干了。首席执行官同时也建议公司接受年轻人的辞职。公司董事长，即公司创始人，不得不介入此事，经其调解，双方才暂时息事宁人。总裁不想就此失去左右手，于是一边安慰战略家首席执行官，给他更多权力和好处，另一边告诉指挥官副总今后直接向他汇报。但公司依然动荡不稳。高层之间的敌对状态、不确定性和沟通的不利影响到了公司各个层面。两位精英就像磁铁一样，使同事之间开始出现朋党现象，两极分化现象在公司范围蔓延开来。大家因此浪费了精力，好事者趁机起哄架秧。

　　其实，我们并不难发现，如果这个战略家和指挥官能够正视彼此的差异，相互取长补短，进而创造和谐的氛围而非你争我斗的话，他们完全有可能成为所向无敌的组合。我们利用意识曲线告诉他们，如果他们能够站在一条战线上，并注意自身行为，那么他们将会给公司带来多大的影响力。如果能够把战略家首席执行官开创架构和流程的天赋与指挥官副总一呼百应的领导气质完美地结合起来，他们将联手创造辉煌的业绩，而这一业绩将是他们单兵作战所无法达到

第二章

的,无论他们各自的权力有多大。

了解了各自的精英男性类型之后,他们逐渐意识到,他们之间的冲突和矛盾其实来自风格上的差异,而非无法改变的性格差异。他们还意识到,同样作为精英男性,争强好胜是他们与生俱来的特征,只是他们过去一直在窝里斗,没有联手一致对外来实现他们共同的目标。

在这本书的写作过程中,虽然他们两人仍在互相警惕,但至少已经站在了一条战线上。既然他们已经有了精英男性的分类作为框架,我们将在本书的后面向他们介绍相关的信息和工具。相信他们不会辜负董事长的殷切期望。

也许你在工作中也接触到了各种精英男性,了解四种类型精英男性是很重要的,包括那些个性上与你有冲突的人。清楚各派的优缺点对于与其结盟避免产生问题非常有帮助。尤其在局势紧张,出现问题或走入死胡同的时候,这样的分类会起到关键的作用。看似对立的精英男性其实并非两个极端,他们的根本目标是一致的,只是看问题的角度不同。当我们这样向当事人解释的时候,他们之间弥漫的硝烟也就慢慢消散了。风格上的差异比本质上的冲突容易克服,尤其在对方的风格可以和你形成互补的情况下。

四种类型精英男性的优势与风险

正如所有精英男性的共同特点一样,各类型独特的优势也有可能转化为弱势。第三章至第六章会对此进行详细叙述,在此只做简单总结。(详细的研究和论据,见 www.AlphaMaleSyndrome.com/assessment。)

指挥官:他们的最终目的是口头指令得以贯彻,不断督促大家完成任务。因此他们的主要风险在于,督促过激,如泰山压顶,最终致使其他人窒息。他们在领导力方面所面临的挑战是,学习如何让所有人为一个共同的目标而不遗余力,鼓励并指挥众人,而不是命令大家去工作。

梦想家:他们的最终目的是推动整个组织向一个未知未定的未来前进。在丰富想象力的推动下,他们是充满激情与热情的领导者。而他们的主要风险在于,激情过热导致一叶障目,不见现实,过于激进,致使整个团队葬身悬崖。他们在领导力方面所面临的挑战是,学习如何通过听取他人意见、增强计划性以及直觉判断成为现实派预言家。

战略家:他们的最终目的是选择最佳方向,创造最优业绩。他们开始一项任务之前总是做好充分的数据准备,并做足推理和分析工作。他们的主要风险在于自我感觉过于良好,或对自己的准备过分胸有成竹。他们在领导力方面所面临的挑战是,学习如何让他人参与,集思广益,发挥每个人的聪明才智和创造力。

实干家:他们的最终目的是以正确的方式完成任务。他们通常是项目的总管理者,注重细节,不达目的誓不罢休。他们的主要风险在于,自己可能变成控制狂,管得太多,统得太死,造成前进的障碍。他们在领导力方面所面临的挑战

第二章

是,学习如何分配所有权、做出承诺,并实现真正的职责分明。

我们的研究显示,在精英男性共同的优势和风险方面的得分与其中某一类型的优势和风险有着密切的联系。具体来说:

- 大多数在精英男性共同优势方面得分较高的人,也必定至少在某一类型的优势方面分数较高。此相关性同样适用于风险方面的得分。
- 共同优势方面得分在前1/4的精英男性中有大约一半的人在某一类型的优势得分也同样排在前1/4。此相关性同样适用于风险方面的得分。

各类型之间对于优势和风险的衡量也同样具有一定的关联性,也就是说,表现为某一类优势,面临某一类风险的精英男性同时也可能表现为另一类优势,或面临另一类风险。关联性最强的要属指挥官、战略家和实干家所面临的风险,也就是说,面临上述三派中的其中任何一类风险的精英男性很可能同时面临另外一类或两类风险。有趣的是,我们发现实干家和梦想家的优势无任何关联性。其实这完全合乎情理:一个倾向于关注大方向的人很难同时在实施细节方面优于常人,这一点会在第四章中详细叙述。

表2—1总结了四种类型各自的优势和风险。

表 2—1　四种类型：当优点变成缺陷

类型	自身对于公司的价值	自身对于公司的风险
指挥官	坚决、强势、权威；自信；充满魅力；强烈的成功欲望和对胜利的渴望；最大限度挖掘他人的潜力	独断专行；主宰一切；好辩好胜；容易让人望而生畏并产生自我保护的情绪；争强好胜；忌妒心强；不把规则放在眼里
梦想家	高标准、高目标；着眼未来，鼓舞他人；创造性地实现跃进；理想坚定、意志坚定、决不动摇；相信直觉	自信过头；虚张声势；排斥一切质疑；不接纳别人的意见；脱离现实，因此得不到实干家的支持；混淆真相
战略家	思维敏捷，善于探察；客观、善于分析、讲究数据与方法；善于揭示隐藏的规律，透过表象看本质，善于在千头万绪中进行总结归纳	自诩万事通；自鸣得意、傲慢、自命不凡；自认为自己完全正确、不承认错误；冷漠无情；缺乏团队精神；孤立
实干家	纪律性强、永远不知疲倦地追求结果；有一双善于发现问题的挑剔的眼睛；常给出有益的反馈，鼓舞大家的士气；推动大家的行动；帮助团队成长	设定不合理的期望值；管理过细；有工作狂的倾向，使得员工疲惫不堪；没有耐心；过于挑剔；总是看到缺点；善于表达不满，却不懂表示感谢

四种类型精英男性如何表达愤怒

　　我们在第一章讲到的精英男性三大风险主题——争强好胜、处理人际关系缺乏耐心、易怒（脾气坏）——在四类精英男性身上的具体体现是不同的。所有精英男性都比较容易被不好的业绩或大家没有达到他的要求和标准所激怒或感到沮丧。但是，不同类型的精英男性表达愤怒的方式和场合的选择各不相同。既然易怒是精英男性面临的三大风险

第二章

主题之首,那么我们就分别来看一下四大类型具体是怎样表达愤怒的。[4]

指挥官是最容易提高嗓门的。他们总是因为业绩不好而大喊大叫。他们希望所有该做的事都做完,而且一刻不能耽搁。优秀的指挥官善于培育忠诚的团队,并善于分配职责;他们会机智地利用他们的力量让人们心甘情愿为他们卖力。对于较好的指挥官,下属会格外努力,可以忍受上司偶尔发火,因为他们不想让老板失望。但对于失败的指挥官,如果你是一个令其失望的下属,就只能关门闭户自求多福了。最好同时戴上耳塞,虽然有些指挥官不一定大喊大叫,只会在工作任务上对下属变本加厉。如果有人告诉他们这样太过分了,优秀的指挥官会听取别人的意见而有所收敛。而失败的指挥官会认为他们发脾气是完全有道理的,他们不会在乎因此而造成的损失,因为他们认为下属做得不好就活该受到批评。他们坚信,下属会因为害怕再次受到批评而做得更好,但事实上,他们只是在高压之下不得已执行命令而已。

梦想家是最不容易大发脾气或明显表示其不满的。只有在人们认为他们的伟大想法不切实际、遥不可及时,他们才会表现出烦恼的情绪。他们不喜欢任何人挑战他们的想法,尤其讨厌别人说他们的想法不现实,劝他们实际点。虽然他们不会选择当面冲突,但会因为抵触情绪而变得更加激进。内心火热的他们会把这种愤怒转化为更强的动力,"我会证明给他们看"的激情会更加澎湃。他们会排斥那些不以为然的人，同时暗中努力达到目标，等到成功的那一天他们就可以自豪地宣告："我告诉过你的！现在，到底是谁不切实际呀？"

战略家会以讽刺或尖锐的口吻贬低别人，骂他们有多蠢。他们认为自己有必要给别人泼凉水，因为没有人像他们一样聪明。有时如果别人跟不上他们的步伐，无法迅速在堆积如山的数据中找到相互之间的联系，继而得出新颖且合乎逻辑的结论，他们就会表现出愠怒的样子。他们认为，别人有义务理解他表达的意思。"你不理解吗？这不是我的问题。只能怪你自己太笨！"

实干家通常会因为别人没能兑现承诺而对其严加斥责。他们无法忍受任何借口或是"原因"。他们就是不在乎这些，只关注以正确的方式把应该做的工作做完。他们很在乎人们做事的方式。如果有人做事效率低或浪费太多时间，他们就会不耐烦。失败的实干家不会训练，只懂挑毛病，他们认为自己有义务对别人工作的每一个细节提出批评。他们的批评可能非常严厉，有时甚至持续升级，因为他们坚信，只有狠狠训斥下属才能使他们下次做得更好。

图 2—1 总结了我们的研究数据，体现了四种类型精英男性与三大风险主题：争强好胜、缺乏耐心以及易怒之间的联系。

第二章

图 2—1　四种类型真实数据

我们研究发现四种类型精英男性与几个变量之间的关系。*

1. 三大风险主题——争强好胜、缺乏耐心、易怒
   - 指挥官易怒得分相当高，在争强好胜与缺乏耐心方面得分较高。
   - 梦想家易怒倾向不明显，在争强好胜与缺乏耐心方面得分非常低。
   - 战略家较易怒，但非常耐心。
   - 实干家很可能缺乏耐心，但易怒倾向并不明显；在争强好胜方面得分非常低。

2. 性别差异
   - 在指挥官风险和战略家优势与风险方面，男性得分高于女性，但实干家与梦想家无此差别。
   - 虽然男女差异不大，但总的来说：男性的行为表现更加冷漠，控制欲更强，更加工于心计。

3. 年龄、教育背景与社会地位
   - 年龄较长的人比年轻人更具备指挥官和梦想家的优势。
   - 年轻人面临更多指挥官、战略家和实干家的风险，同时具备更强的战略家和实干家的优势。
   - 唯一不体现年龄差异的是梦想家的风险方面。
   - 教育背景越好，战略家和梦想家的优势越明显。
   - 领导层的人具备很强的指挥官优势，且面临非常低的

58

梦想家风险。

* 虽然我们并不追求迈尔斯-布里格斯类型指标（Myers—Briggs Type Indicator，MBTI）性格测试的统计数据，但我们的确发现存在以下倾向：梦想家 MBTI 的直觉得分非常高；战略家思维得分高；实干家判断力得分高；指挥官性格似乎比较外向，但没有发现该派与 MBTI 得分之间的必然联系。

你是哪类精英

通过回答下列问题，你会发现自己属于哪一派精英类型。但是请注意，在线精英类型测试准确度要高得多。只用 15 分钟时间，你就会知道自己主要属于哪一类型，与其他三类之间有怎样的联系，还会拿到一份详细的测试结果报告。如果您尚未做此测试，我们强烈推荐您尽快尝试一下。（关于如何进行测试，请见第一章的说明，测试网址 www.AlphaMaleSyndrome.com/assessment。）

指挥官优势

☐ 人们承诺会支持我并倾尽全力工作，他们做得到。
☐ 我总是精力充沛。
☐ 我是善于说服人的演讲者。
☐ 在新的群体中，我总能最终成为领导者。
☐ 我在激励他人采取行动方面尤其出色。
☐ 人们认为我很有领导人魅力。

指挥官风险

☐ 我注意不把自己脆弱的一面表现出来。

☐ 我有时非常好辩。

☐ 压力大或对某事感到担心的时候,我会变得严厉和过于直白。

☐ 我偶尔打破规则或玩弄真相,并以此来达到我的目的。

☐ 我告诉自己一定要做得比和自己同等地位的人更加出色。

☐ 虽然不会表现出来,但我常常忌妒比我出色的或比我更受赏识的同事。

梦想家优势

☐ 我更喜欢启动新的项目,然后让别人去完成。

☐ 我常常提出突破性的观点。

☐ 在作出重要决策时,我知道可以相信自己。

☐ 相比循规蹈矩,我更喜欢创新的方式。

☐ 我在讲求实际方面不如在创新方面做得好。

☐ 我喜欢在不断追求改进的环境中工作。

梦想家风险

☐ 我的心思都在新事物上,对常规工作毫无兴趣。

☐ 当我为一个新的目标而感到振奋的时候,常常看不到风险。

☐ 在启动一个新项目时,人们经常告诉我,我的期望太不切实际。

☐ 我常常在尚未完成正在进行的项目时就启动新的项目。

☐ 我讨厌和反对我的人或杞人忧天的人打交道。

□ 达成我的目标实际需要的时间和资源通常比我预想的要多。

战略家优势

□ 我善于在分析、逻辑思考和数据研究的基础上作出决策。

□ 我的头脑中似乎有一张地图,指引我如何把重要的数据综合在一起。

□ 决策时,我不允许自己感情用事。

□ 一旦锁定某件事,我的头脑便有激光般的穿透力。

□ 我的才智得到过人们的赞扬。

□ 只要有数据,我就能作出正确的决策。

战略家风险

□ 我不喜欢说服别人接受我的观点;人们应该能够发现我的观点的价值。

□ 通常我作出决策并不需要其他人参与。

□ 我瞧不起那些理解力差,容易混淆的人。

□ 我几乎总能从别人的论述中找出逻辑上的瑕疵。

□ 我不会拿出额外的精力去发展人际关系;我只关注做事。

□ 我更多关注业绩情况,很少去想人们的感觉。

□ 我常常跳跃思维,如果人们跟不上我的步伐,我就会不耐烦。

实干家优势

□ 我在开始一个项目时可以立即发现通向成功的关键

第二章

步骤。

☐ 我总能给下属清晰的目标和期望。

☐ 在开始一个项目之前，我会确保有清晰的时间表和详细的行动计划。

☐ 我喜欢按照严格可靠的时间表推进项目进展。

☐ 如果授权别人做某件事，我会事后跟踪，确保毫无差池。

☐ 我喜欢我的团队经常向我汇报工作进展情况。

实干家风险

☐ 即使我担任领导角色，也往往参与到细节工作中去。

☐ 曾经有人说我是"控制狂"。

☐ 我很少花时间庆功。

☐ 我很少发现别人的工作完全符合我的标准。

☐ 我对别人工作中出现的问题非常挑剔。

☐ 如果人们的工作进展落后于时间表，或未按协议办事，或忽略了重要细节，我就会怒火中烧。

你是否在某一派的优势方面作出的肯定回答多于其他三派呢？如果是，你很有可能就是这一派的精英人士。如果你同时在另一派的优势方面作出了四个或四个以上的肯定回答，那么你很可能同时具备这一派精英的特点。和第一章的问卷调查一样，如果你在优势和风险方面的得分大体一致，请不要感到惊讶。因为总的来说，你具备某一派优势的同时也相应承担着它的风险。我们再次郑重推荐你登录我们的测评网站完成全部测评，网址是www.AlphaMaleSyndrome.com/assessment。

精英三角模式

正如吸烟会使动脉血管收缩而导致一系列症状一样,四种类型精英男性的风险因素同样会阻碍能量、信息与创造力在公司的流动,从而导致破坏性的结果——这种破坏性的结果可能仅仅影响局部,也可能影响到公司整个体系。其中有一个模式,可谓死亡陷阱,我们称之为精英三角模式。借用莎士比亚(Shakespeare)的话来比喻:所有的工作环境都是舞台,所有的精英男性都只是演员。[5]我们可以把精英三角模式看做一个表演主题,由不同类型的精英男性分别扮演三个核心角色。我们之所以描述这个三角模式,是因为它可以帮助你鉴别,在任何公司机构是否存在导致功能障碍的精英行为,同时本书从头至尾都会参考该三角模式。

精英三角模式由三条边组成:肇事者、受害人和英雄(见图2—2)。每一个角色对其他两个均起到强化作用:肇事者斥责,受害人喊冤,英雄挺身而出解决问题。每个角色都会得到相应的回报:肇事者得到权威,受害人得到同情,而英雄得到的是感激和赏识。作为肇事者的精英男性是完全脱离群众的。他们的最终目的是把该做的事做完,而且做得高效,做得漂亮,但他们追求目标的方式太过激烈。自认为是在帮助别人把工作做得更好,但受害人根本没有感受到这种帮助;他们感受到的只是被误解,被冤枉,被瞧不起,甚至被虐待。要保持精英三角模式的完整性,需要一位英雄横空出

第二章

世来收拾残局,要么想办法让盛怒的肇事者冷静下来,要么对受害人表示同情。在大多数公司,这样的英雄人物总是不断涌现,他们义无反顾愿意担当这一角色。

图 2—2　精英三角模式

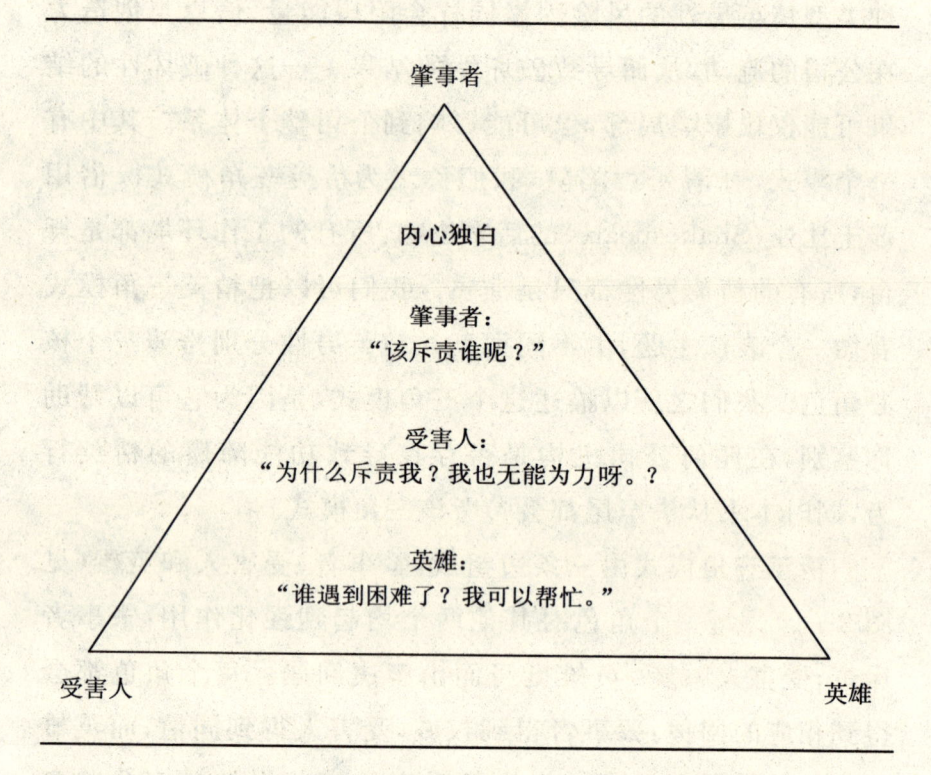

```
                    肇事者

              内心独白

              肇事者：
              "该斥责谁呢？"

              受害人：
              "为什么斥责我？我也无能为力呀。"

              英雄：
              "谁遇到困难了？我可以帮忙。"

受害人                              英雄
```

资料来源:感谢 John Carpman 创造了该三角模式,同时感谢 Kathlyn Hendricks 为该模型增添了有益的细节。

举一个典型的精英三角模式的例子。我们有位客户叫做格兰(Glenn),他是一家跨国公司的高级副总裁。实干家的他在深入分析问题、确定背后原因并快速找到完美的解决方案方面有着超凡的能力,令人敬畏。他非常善于说服员工

四种类型的精英男性

接受并完成看似不可能达到的目标。同时他也是出了名的杀手和刺客。如果有什么事让格兰看不顺眼——他经常看什么都不顺眼——他便会目露凶光,凶神恶煞,一副要吃人的样子:"你这样做完全不着调"或"这是我听说过的最愚蠢的事"。为弥补被格兰扼杀的团队士气,他下面的一位副总就会重新鼓舞哀兵士气,帮助团队找回自尊和自信。但通常,正是因为英雄总会适时地出来收拾残局,问题才会一直存在下去,因为在这种情况下,格兰会一直我行我素。结果导致讽刺性的悲剧,我们称之为精英泥潭。精英男性一心要成功,但当他们变成三角模式中的肇事者时,就会导致一种惯性,其他人都会有身陷流沙之感。如果精英泥潭现象持续恶化,那么士气、团队和业绩都会受到破坏。

正如好莱坞电影中所描绘的,肇事者的表象可能有很多种。四种类型精英男性表现为肇事者的方式也各不相同,他们行为的根源是失败精英男性的通病——激进、争强好胜和强烈的控制欲。

- 指挥官要求绝对的忠诚和服从。他们必须是老大,其他人必须听他们的号令。
- 梦想家相信一个别人根本看不到的光彩夺目的未来。他们把所有人都卷入迷茫之中,不知不觉已经随他来到悬崖的边缘。
- 战略家是才智至尊,自认为无所不能。他们认为其他人都是白痴,说话毫不留情。

第二章

- 实干家易怒,爱唠叨,总是监视别人,挑别人的毛病,告诉他们应该做什么,怎么做。

对于三角模式,每个人都会有自己更喜欢的一条边,而我们大多数人都会从一个角色向另一个角色转化,就像《奇爱博士》(Dr. Strangelove)里的彼得·塞勒斯(Peter Sellers)一样。例如,总是救人于危难的英雄也许会逐渐感觉自己由于制造麻烦而成为受害者,而受害人也许偶尔会挺身而出帮助其他受害人。典型的精英男性常常徘徊在肇事者和受害人的角色之间:他们一会儿把人训斥到掉眼泪,一会儿又为自己不得不和一群笨蛋共事而感到遗憾。有时他们也会由肇事者直接变身成为英雄,去扑灭自己亲手放的火。

例如,我们有一位客户是精英男性,经营一家小公司。他往往会给员工分派在规定时间内不可能完成的工作。后来意识到自己太过分,他便会亲自跨马上阵,英雄般地完成任务。天长日久,他自然需要找些受害人,因此他会下意识地雇佣能力有欠缺,不能完全按照他的指示来做的员工。

打破三角模式

精英三角模式很难打破,因为每个角色都有维持模式完整性的理由。肇事者喜欢掌控一切的感觉。受害人需要有受伤的感觉。英雄则迷恋救人于水火的那种荣誉感。三者需要各就各位,各得其所。他们也许喜欢这种肾上腺素上升的状态:置身于三角人物剧是很过瘾的。但是,一旦上瘾,就会有害健康,高级思维系统会停止新陈代谢。最终,三角模式中的每个人都会感到受挫和沮丧,只是他们已经习惯于目前的状态而无意改变。于是这种状态便会一直持续下去。

不同级别的精英男性风险因素所导致的问题严重程度也不同,可能是一时的小麻烦,也可能是持续的功能障碍,还可能是突发性的灾难。精英三角模式也许像纸片一样脆弱得不堪一击,也可能像吉萨大金字塔(the Great Pyramid of Giza)一样坚固无比。精英男性以及和他们共事的人面临四重挑战:发现变革的需要;学习改掉导致功能紊乱的行为习惯,养成健康的行为习惯;警惕旧的行为方式成为绊脚石;进行必要的行为变革。当精英男性形成健康的精英行为习惯时,他们会发现三角模式中的其他角色也会随之自动调节。

本书从头至尾贯穿了一个最基本的原则:如果你变了,其他人也会随之改变。任何人,无论权力大小、职位高低,一旦撤出精英三角模式,都会戏剧性地改变整个工作环境。其实这是一个简单几何道理:如果三角形的一条边被拿掉,那么整个三角形就垮了。一旦堤坝不复存在,洪水自然倾泻而出。

一旦某个关键角色意识到会产生的破坏性结果,那么即使是由精英男性引起的麻烦也可以化解,从而使三角模式保持平衡。以沃尔特(Walt)为例,他是某著名软件公司的技术总监。沃尔特属不折不扣的实干家,脾气暴躁异常。他认为自己提出了建设性的意见,但接受意见的人却如临大规模杀伤性武器。员工怕他,同级的人疏远他,公司的每一个同事

第二章

对他都避之唯恐不及。例如,如果业务团队需要确保船运按时,他们会绕过沃尔特,直接和他的下属打交道。后来,沃尔特听到风声,后果可想而知了。

有时,沃尔特会向首席执行官诉苦。首席执行官是善于鼓舞人心的梦想家,同时具有指挥官的某些特点。他喜欢做英雄挺身而出的感觉,就像演员都喜欢扮演哈姆雷特(Hamlet)一样。他会安慰受害人,和他们坐在一起分析他们和沃尔特这个肇事者之间的差异,找到解决方案。在他的调解下,一场风波很快归于平静。表面看来,他采用了理智的做法,但却会让这种情况持续下去,永远得不到改善。想象一下,如果首席执行官不必在这些事情上浪费精力,他可以节省多少时间去做其他工作?再想象一下,如果受害人不是刻意避免和沃尔特接触,他们的工作效率又会提高多少?以下是我们在进行360度访谈时,沃尔特的同事们对他的评价:

"因为他看到的,别人没有看到,所以他根本看不起别人的意见。他需要多给别人些发言的机会,不要频繁地纠正别人。如果别人忽略了某个细节,他应该说:'也许考虑以下这一点会更好。'而不是直接抨击他们。"

"如果沃尔特和别人沟通时能更注重技巧,而不是不问青红皂白就暴跳如雷,相信他的意见会很容易让人接受。他的确目光锐利,富有远见卓识,但他那种脾气很难得到别人的支持。"

"沃尔特总是直入主题,从不问候寒暄。他经常生硬地打断别人说话。这样会让人怀疑:我是不是在浪费他的时间？他到底愿不愿意和我交流？"

"他那种冷硬的风格非常让人反感。他常用鄙夷的口吻质疑别人的观点，明显是对别人的不信任。因此我后来不再和他直接打交道；冒这种险不值得。"

"沃尔特总是一副无所不知的样子，即使对超出他自己专业之外的也是如此。其他人即使有好的想法，他也不屑一顾。"

我们刚开始对沃尔特进行训练的时候，他还没有意识到别人怎么看他，也不知道他是如何影响别人的。他在自我评价中说道："大家被我吓怕了。但我不在乎，因为我喜欢做善后工作。这是直言不讳造成的必然结果。许多人根本没有自己的观点，所以我必须让他们清醒。但在这家公司里，人们会说：'既然你让我不高兴，那我就想办法排挤你。'"

我们利用第一章介绍过的意识发展曲线向沃尔特解释，他的风格是怎样阻碍人们将思想付诸行动的。我们的解释，再加上同事给他的360度评价，足以证明他所扮演的就是精英三角模式里面的肇事者角色。这时候他才意识到，自己原来总把问题的原因归咎于别人是不对的。

同时，在其他角色身上，我们也取得了类似的进展。受害人逐渐意识到，拒绝纠正错误其实愈加助长了沃尔特操控一切的行为方式。首席执行官也承认，他一直避免和沃尔特正面冲突，是因为他喜欢当英雄的感觉，而且他不想让沃尔特辞职。现在他已经认识到，他这样做其实也是在助长沃尔特的功能紊乱行为。

第二章

打破精英三角模式需要行为风格的改变,纯粹理论上的理解是不够的。极具讽刺意味的是,第一个站出来承担责任的居然是肇事者沃尔特。他做的第一件事就是承认,他暴躁的脾气的确是一个严重的问题。我们没有急着分析原因,而是先鼓励他给自己的火暴脾气起个名字。他选择了"炸弹"这个名字。意识到自己听任负面情绪堆积直至引爆炸弹之后,沃尔特做了大多数精英男性都不会做的事情:他更加全面地了解了自己的情感——包括恐惧、悲伤等,不再仅仅局限于体会那些令自己舒适的情感。同时他还学会了一套如何影响别人的技巧,再也不会靠呵斥别人来达到这个目的了。

首席执行官也清醒过来了。他意识到沃尔特这颗炸弹所造成的破坏性后果是无法接受的,于是告诫沃尔特,如果再一意孤行,后果不堪设想。他们两位甚至达成共识:如果开会时沃尔特又要爆发,首席执行官应该及时予以制止,告诉他冷静下来,听听别人怎么说。此外,他们还一致确定了一个初始警告信号,这样沃尔特不必等首席执行官发话就可以意识到问题而有所收敛。

沃尔特通过一番努力,终于增强了自我控制能力,即使偶尔失控,首席执行官的一个信号也足以让他平静下来。

两位精英男性一旦开始改变,三角模式也就坍塌了。受害人的行为随之改变,整个公司的业绩也提升到了一个新的层次。

本书介绍的实用工具会引导你安全跨越三角模式,回归

四种类型的精英男性

真正的自我,实现有效的团队协作。后面四章我们将针对各种类型精英男性对症下药,给出相应的建议。你一定会找到适合你的建议,但同时,我们也建议你尽可能多了解其他类型的情况,因为许多工具是放之四海而皆准的。

首先向你介绍的是我们在和各种类型精英男性共事过程中发现的极为有效的一个概念和一种做法。

他们佩戴的面具

炸弹不仅是沃尔特给自己的别称,而是他认识到自己(心理学家称为——)人格形象(*persona*)的一种方式。Persona 在拉丁文中意为面具,是指人们在特定时间面对外部世界所表现出来的面目和形象。可以说,persona 就像人们根据需要而变化的衣着。衣服多是好事,但一不小心穿错衣服就会出问题了,比如西装革履地去西部乡村酒吧,或反之,穿牛仔靴去参加正式婚礼,显然都是不合时宜的。着装不恰当会引起很多问题,但想象一下,如果你一错再错,行为跟着着装走,在其他人欢快地跳着得克萨斯两步舞的时候独自秀华尔兹,或者恰好相反,那么结果会怎样?这就是我们的人格形象不合时宜时的状况:我们向外部世界展示了不恰当的行为表现,却装作若无其事。一旦周围的人回应这种不恰当的表现,问题就会像滚雪球一样越来越严重。

精英男性和其他人一样,会在不同场合戴不同的面具,只是各种类型精英男性偏爱的风格有所不同。了解你自己以及同事倾向于戴哪种面具有助于更好地理解精英效应在

第二章

工作中是怎样发挥作用的,更重要的是,有助于打破三角模式以及其他功能紊乱的模式。

童年时期,我们根据不同行为逐渐形成了有助于我们应付外部世界的多种人格形象。就像导演通过试镜招募演员那样,我们也会筛选出能够带给我们安全、爱、肯定与赞扬以及其他童年向往的人格形象。入选的人格形象进入潜意识,并一直伴随我们进入成年,最终成为人格形象。人格形象的潜意识越强,说明形成的时间越早,也更加让人无从解释,只能无奈地说:"总之,我就是这样的人啊。"直到我们走上工作岗位的时候,其实已经形成了一层又一层的人格形象,让我们下意识地从一种角色和形象变换到另外一种角色和形象,直到我们意识到这一点,主动去改变。

我们10年前开始对客户使用人格形象这一概念,把盖伊和凯瑟林·亨德里克斯的理论精髓融合进了我们自己的经验之中。[6]我们发现,了解人格形象的概念对于精英男性犹如醍醐灌顶,因为他们通过这一概念认识到,他们的行为是人生早期形成的习惯的综合体,而非无法改变的遗传本性或者头脑的自然反射造成的。一旦看到行为改进的益处,他们会痛下决心,洗心革面,学会当人格形象不恰当的时候如何调整自己,走出怪圈。

这就是我们为客户提供的帮助,你也可以如法炮制,至于具体如何做,会在后面解释。

意识到人格形象

要控制不恰当的人格形象，首先要认清它们。图2—3按照不同精英类型列出了与之相关表现的名称，相信会对你有所帮助。注意这些名称只是指代某一类行为的别称，而非纯理论分类。你大可随便使用，也可以自己给不同的面具或不同场合的不同衣着命名。

图2—3 精英人士肇事者人格形象

指挥官	梦想家	战略家	实干家
推土机	高瞻远瞩	尖锐的批评者	行动杰克逊
捶胸顿足	勤奋卖力	棋圣	左轮手枪
将军	未来主义者	反向投资者	打破纪录
老大	狂热使命者	嘲讽者	控制狂
不照我的话做就走人	彩衣吹笛人*	辩论家	批评家
大嚷大叫	极度乐观	固执	事无巨细
暴君	预言家	精神超级明星	拼命三郎
战士	反叛	误会的天才	微观经理人
鞭策者	超级推销员	隐形轰炸机	粉碎机
			计时器

(*据说，中世纪时，哈默尔恩镇鼠多成患，居民不胜其烦。一天，镇上来了一位身穿五彩长袍的神秘吹笛人，他说如果能给他一笔酬金就可帮助镇上的人驱除老鼠。镇长欣然答应。于是，他拿出笛子吹奏起来，老鼠受笛声魔力的吸引，纷纷从房屋里跑到街上，跟着他来到威悉河，结果老鼠全部溺死在河中。事后，他返回镇子按约领取酬金，谁知镇上的居民却食言拒绝付款。吹笛人大怒，决意报复。他再次吹起笛子，这一次，笛声引来的是镇上的130名儿童。孩子们都跑到街上，跟着吹笛人走出城门，然后消失在森林中。——译注)

第二章

首先找到工作中最麻烦的三种行为模式。一旦找到,分别给这几种模式的人格形象命名。然后针对每种模式回答下列问题:

- 这种行为模式的具体行为表现是什么?
- 这种人格形象是如何被激发出来的?
- 描述一下是谁或哪种情况让你无法摆脱这种人格形象?
- 分析这种人格形象背后的正面意图。
- 找到实现这一意图的更好的方法。
- 想象一下这种更好的表现方式,并给这种方式起个名称。

图2—3中所列出的所有人格形象均属三角模式中肇事者的表现。你刚刚列出的三种行为模式很可能也不例外。精英男性的这种人格形象是非常典型的。然而,精英男性有时本身也是其他肇事者的受害人,有时可能也会挺身而出扮演英雄的角色。因此,无论你是精英男性还是不得已被卷入三角模式的角色,分析一下当你作为受害人或英雄时你的人格形象是什么。图2—4列出了我们的客户曾经用过的其他人格形象的名称。针对你每一种作为受害人或英雄的人格形象,像刚才一样回答上述问题。

图2—4 其他精英三角模式角色人格形象

受害人	英雄
逆来顺受	拉拉队队长
抱怨	鼓舞士气

避免冲突	赞扬
困窘	协调人
我真可怜	和平缔造者
拖延耽搁	庇护者
顺从	营救者
忧虑担心	骑兵

人格形象访谈

下列流程会有效帮你从精英三角模式的行为定式中解放出来。[7]同时确保你打破束缚，回归更加真实的行为方式，以及更加有效的决策。记住我们的目的不一定是完全消除这些人格形象。你的目标是，一旦发现自己陷入制造麻烦的角色，能够及时摆脱，继而选择继续这种人格形象还是采取更加积极和成功的方式。

该流程涉及人格形象访谈。换句话说，让自己走进某个角色，回答一系列问题。可以找个信任的人向你提问，或自问自答，根本原则是让一个自己问另外一个自己。

首先，选择你要改变的一种情况或行为。锁定一个工作上的实际问题。接下来，给这种情况下你的人格形象起个名字。名字的选择要集中体现其中的行为方式；名字可以自己创造，也可以从列表中选择。

在访谈开始之前，一定要完全进入角色。最好从心理和生理上同时进入角色，我们发现这样很有帮助。离开自己的位子，假装自己是职业演员，提名奥斯卡奖就凭借这部戏了。按照角色的方式行事说话，尽可能投入。从姿势、手势和态度上尽可能模仿角色，也可以使用面具。

第二章

然后开始访谈,访谈问题列表见图 2—5。最好按照顺序提问,然后以他或她的口吻,站在他或她的角度,回答问题。记得放松心情去做;这个过程可能引起强烈的心理震荡,但并不意味着你不能心怀愉悦。

图 2—5 人格形象访谈问题列表

1. (人格形象名称),你第一次出现在(你的真名)的生活中是什么时候?如果是在"工作"过程中认识的,回想一下童年时你曾经使用过的一种相关的人格形象,可能就是这种人格形象慢慢造就了你工作中的人格形象。
2. (人格形象名称),你的人格形象是从谁那里学来的?尤其注意那些曾经对你的早期生活产生过巨大影响的人。
3. (人格形象名称),最让你骄傲的是什么?
4. (人格形象名称),最让你焦虑的是什么?
5. (人格形象名称),目前是什么造成了这种恐惧?你的哪些行为引发了这种焦虑的情绪?
6. (人格形象名称),你在工作中是如何制造困难的?
7. (人格形象名称),你是否愿意改变现在的行为方式?

　　如果答案是否定的,要么你还没准备好去改变,要么这根本不是大问题。重新审视一下你要改变现在行为方式的意图,或总结一下你的人格形象到底有什么问题。

　　如果答案是肯定的,给自己一个全新的空间,然后为你打算形成的那种人格形象命名。
8. （新人格形象的名称），有了更加强烈的意识和更加十足的信心，你打算建立什么？
9. （新人格形象的名称），要达到那些目标，你打算后面几个月采取哪些具体措施？

以我们的一位客户为例，他最大限度地利用了人格形象访谈。

埃迪当时为肯·迪皮埃特罗——即第一章提到的高级副总裁——做测试时，几乎所有人对他的评价都是一致的：无论任何人对他的判断产生质疑，他都不予理睬，坚决按自己的日程推进。当肯终于意识到这种行为方式其实是他早期形成的一种自然习惯，他解释说，也正是这种行为方式让他不达目的誓不罢休，尤其在逆境中。他的任务就是推动目标的达成，即使伴随产生许多问题也在所不惜。肯把这种人格形象命名为街头战士。

在肯的整个工作历程中，每当他发现自己处于恶劣、充满竞争的环境时，就会立刻变成街头战士。工作初期，他似乎将此发挥到了极致。但处在目前的职位上，街头战士似乎不合时宜了。

他身边的人开始提防他、警惕他，把他看做精英三角模式里的肇事者，并自视为受害人和英雄。埃迪也曾问肯的同事，面对街头战士他们自己的人格形象是什么，受害人的回答大多是"找挡箭牌"或"保持沉默"，而英雄则选择背着肯

第二章

"偷偷摸摸"去拯救受害人。

后来肯同意做人格形象访谈。这位街头战士对于"你最想要的是什么?"这个问题的回答是"价值增值和结果"。那么他能否想到通过杀伤力比较小的行为方式来达到这个目的呢?他的回答是肯定的,并把这种方式称之为"完全积极"的人格形象方式。肯的同事也配合他,支持他采用这种积极的行为方式。因为他的坦诚和脆弱让别人更容易接近他,他甚至从同事那里得到了像医生、朋友和长者般的支持。

凭街头战士的性格,他不会不尝试就轻易放弃的。人格形象访谈结束后的几个月时间里,肯出现了几次,但每次都能发现需要改进的地方,甚至就此开个玩笑。终于街头战士的形象逐渐消失了。同事们看到肯积极的变化无不备感欣喜,团队协作、沟通也随之有了明显的改善。

在后面四章里,我们将对四种类型的精英男性进行更加深入的剖析,首先关注的是指挥官。

行动步骤

- 根据自己的行为风格,确定属于哪一类型精英人士——指挥官、梦想家、战略家或实干家。
- 分析经常一起共事的同事属于哪一类型精英人士。
- 分析精英三角模式的原理,思考一下你和身边的同事最可能扮演其中哪一个角色。
- 如果你自己可能被人看做肇事者,分析一下原因。

- 下决心打破三角模式。
- 尝试本章有关人格形象的测试。
- 告诉自己,一旦陷入消极的人格形象,及时发现并改正。

第三章　精英指挥官

——魅力超凡、才干出众的领头羊

2001年，我受命担任美国国防后勤局局长职务。国防后勤局是为军队提供后勤服务的机构，规模约与财富200强中的公司相当。它所供应的物资小到制服、食品，大到飞机燃料，无所不有。当时，各级部队对国防后勤局有诸多不满，抱怨它供货价格过高，对客户需求反应迟钝。我接到开拔令，要求大幅削减成本，提高对客户需求的反应速度，以立即扭转这一局面。为了既打破原有惰性，又不挫伤承担大部分工作的普通工人的士气，我必须执行有力、直截了当。但如果我的榔头砸得太猛，可能会引起内部恐慌，造成上下沟通不畅，从而挫伤士气。

整整两个月，我都在这个狭缝间苦苦挣扎。接着就爆发了9·11事件。我们面前的困难瞬间被放大了一千

第三章

倍。由于工作量猛增，我必须在全体员工中营造一种紧迫感，树立不断努力追求更好业绩的意识，与此同时，又不能表现得过分急躁或让人们感到一种胁迫感。

——引自本书作者对国防后勤局局长
基思·利普特中将的访谈

指挥官优势

"艰难之路，唯勇者行"可能是精英指挥官的座右铭。他们是天生的领袖，能赢得别人的信任、尊重甚至敬畏，又是勇于主动承担责任的类型，竭尽自身充沛的精力，倾力完成自己的使命。

他们大处着眼，目标高远，冲破重重壁垒得到心中所想。那他们想要的又是什么呢？胜利！不管参加什么游戏，指挥官都怀有强烈的获胜欲望。所有的精英人士都有此倾向，但精英指挥官内心的渴望更加强烈，心中的计分板不断地计算自己的位置。他们希望全身布满胜利标志，一路刷新纪录，丝毫不能比这差。超额完成每个季度的收入目标是基本要求，每个潜在客户绝对都要收入囊中。

体育迷们都知道，优秀的运动员所需要的远不止卓越的才华，只有那些本身具有强烈获胜意愿的人才能成为传奇人物。举例来说，据说迈克尔·乔丹（Michael Jordan）在参加一场公益高尔夫锦标赛时的劲头和打 NBA 决赛时有一拼。和乔丹一样，成功的精英指挥官也驱动着自己周围的人更加优秀。出于本能，指挥官们总是被那些需要强大领导力的状况所吸引。当危机来临的时候，他们通常会冲在最前面，号召人们发掘自身尚未发现的潜能，带领大家突破重重障碍。对于精英指挥官而言，要求他人做到最好是成功领导的必备条件，同时也是训练出赢家的唯一渠道。如果这种精英思想在合适的环境下以健康的方式出现，就能激发出人的潜能，培养出黑马。正因如此，每当那些身体健硕、伤痕累累的运动员和皮肤黝黑、粗糙不平的士兵回忆当年，想到教练或教官把自己逼到极限，便忍不住掉泪："他太苛刻了，有时候我真恨他，但他确实改变了我的生活，让我向更好的方向发展。"

艺珂顾问北美地区首席执行官雷·罗，当年在部队时就属于这样一位军官。作为一名上校，他负责带领一支没有通过军队体能测试的团队。

这位西点军校的毕业生当时已到不惑之年，他的年龄几乎是普通士兵年龄的两倍，但是他堪称保持体形的典范，并要求士兵参加强化训练，训练强度则几乎要人命。他是一名马拉松运动员，每天早上都要带着他那两只金色猎犬长跑，每周也会带队领着官兵长跑一次。一天，在长跑之后，他最喜欢的狗，克莱德（Clyde），因心脏病死在了路边。从那以后，人们就用这件事来激励那些不相信跟上一位中年军官也是件难事的新士兵。"指挥官把他的狗都跑死啦，"士兵们会这样说。"他非常喜欢那条狗，但他对你可是丝毫不关心；所以你最好多锻炼。"

他们确实那样做了。许多年后，当他成为一支部队的将军时，还有士兵问他："你就是那个把自己的狗跑死的罗将军

第三章

吗?"严厉的名声之外,还包含着一种尊敬,因为以前的老兵提起雷都很感激。1993年,雷作为准将退休,之后成功地将他的领袖风格转到商界。

自信、勇敢、愿意守护自己的信念,精英指挥官的行为往往具有极强的使命感,他们也以同样的使命感激励自己的团队。他们经常会教育大家不要鼠目寸光,要顾全大局。当基斯·利普特中将接任局长职务时,国防后勤局是一盘散沙,总部和各个业务部门之间明争暗斗。9·11事件过后,加强供给、降低成本的紧迫性已经去除,但利普特为该机构注入的使命感仍然影响深远。

当卡特里娜飓风(Hurricane Katrina)袭击美国时,国防后勤局从容有序地提供了3.09亿美金的物资,其中包括5,800万份盒饭、450万加仑燃料和750万美金的医疗用品。如今,国防后勤局被看做低本高效、客户至上的典范,国防基地关闭与重整委员会(Base Realignment and Closure Commission)也于2005年大幅扩展了国防后勤局的业务范围。

精英指挥官的另一个座右铭就是"责任到此,不能再推"。对于指挥官来说,个人责任至高无上,他们也将这一理念发挥到极致。在当今这种相互交错的矩阵式机构中,领导者必须激发出每位员工心中的责任感,包括那些不直接向他们汇报的员工。由于不能实行了百分之百的控制,他们不可能通过"命令"就得到结果。在这些情况下,有些领导会埋怨他人,或是玩政治游戏保护自身利益,而精英指挥官会填补这一空白,承担责任。同时,由于他们具有强烈的影响力,他们的举措会带来无尽的涟漪效应。

某些精英指挥官的人际沟通能力可能会高人一等,但所有的指挥官都是一流的激励者,会恰当选择胡萝卜和大棒的完美组合,达到激励效果。高层指挥官还要在给人严肃感的同时也让人感觉温暖。他们给出这样的双重信息:"你们先走我掩护"以及"别跟我作对"。要举例说明平衡自如的指挥官,不妨看看利普特中将的团队中有什么样的评论:[1]

"他经常嘘寒问暖,而且看起来真心关怀。他与大家建立了联系。"

"即使不赞同你的意见,他也很关心你。有些时候我认为老板们不屑去做的事情,他却不厌其烦地尽全力帮你。"

"他并不会和你'亲密无间',但他真的很喜欢大家,而且人们都能觉察到这一点。他很严厉,但是他关心别人。"

面对这样的领导,人们甘愿接受命令、解决问题,并准备接受更多的任务。那些在这其中能恰到好处地添加些许感召力的人,就能成为指挥官中的出类拔萃者。

当指挥官能完全控制自己的心灵和智慧时,他们希望获胜的意愿会与高品质的正直感相平衡。由于他们公正地褒奖忠诚、勤奋的员工,并且会在员工受到攻击时站出来说话,所以即使许多精英指挥官并不是特别招下属喜欢,还是会受到下属的尊敬。精英指挥官知道为人要正直,行为要规范,同时也像追求有效性和生产率一样追求这些美德。"他非常

第三章

正直",一位高管这样评价公司的 CEO,"这让我觉得自己需要加倍努力,感觉我的贡献真的会带来很大影响。"对于许多精英指挥官而言,"正直"不仅仅存在于他的团队和组织中,甚至会带到他的家庭中。无论他们的至高精神境界是为了世界和平,还是为了推动当地社区经济发展机会,抑或是帮助个人减肥;不管他们达到目标的手段是发动正义之战,还是为失业人员提供业务培训,抑或是推销健身器械,他们都希望在身后留下有价值的遗产。历史上许多伟大的社会领袖和慈善家都是精英指挥官,忠于所在的公司,维护自己的道德底线。

总而言之,这些优秀品质的汇集赢得了他人的忠诚和信任。这就是精英指挥官能冲上高峰并稳坐其上的原因——除非他们令人敬畏的优势变成了自身最大的弱点。

精英指挥官的问题

所有的精英都争强好胜,同时对他人严格要求。精英指挥官基本上具备的那些特质,也有可能会转变成他们的致命弱点:急于获胜的雄心会引发无情的争斗,较高的期望会导致受挫并暴怒。电影《星舰迷航》(*Star Trek*,美国系列科幻电影。——译注)的影迷都知道这其中的区别:柯克船长(Captain Kirk)是一个健康的指挥官,而克林贡(Klingon)武士却是不健康的指挥官。

表 3—1 清楚地展示了指挥官典型的能力如何变成他们的负累。关于我们调研中针对精英指挥官所做的分析,请参

看"关于精英指挥官的数据"。

表 3—1 指挥官综合征:当优点变成缺陷

精英特质	对公司的价值	对公司潜在的风险
处于支配地位、自信、敢于承担责任的个性	果断干练、大胆敢为;能激发出他人的极限;决策迅速	因施压于人、盛气凌人的风格引起别人的畏惧;会压制不同意见
争强好胜,敢作敢为	以获胜为中心;推动别人成为成功者;能够获得尊敬	引起焦虑情绪;有碍开诚布公;强迫员工掩盖错误、保留意见
雄心大志	促使别人采取高效措施;激励团队取得卓越成就	认为优秀的表现是应该的;没有在自己手下培养强有力的领导
喜争好斗;对人对己要求严格	能发挥出每人的最佳状态;鼓励健康的竞争,激励团队	与同事竞争;心怀愤恨、鄙视、报复;激起内部混战;阻碍信息共享
对组织110%地负责	可靠执行;亲自彻底跟踪,确保达到目标	管得过多;不会授权;不会利用别人的才能;可能会过早筋疲力尽

关于精英指挥官的数据

在我们的研究中,优势维度得分比较高的指挥官通常也有较高的风险得分,但是之间的相关性并不像其他类型的精英那样密切,例外也更多一些。比如,对于其他类型精英,如果一个人在优势维度中位于前25%,他很可能在风险维度中也位于前25%。而精英指挥官就不是这样(参看附录B中的表B—1)。数据表明,精英指挥官通常更倾向于两极分化:要么是优势卓越,而风险较低,成就了他们成为杰出的领导;要

第三章

么是致命性的风险一大堆，优势却没几个，那就会成为公司的灾难。优秀时，他们是绝佳能人；差劲时，他们糟糕透顶。

整体而言，比起精英女性，精英男性在指挥官特质和指挥官风险上都要高很多，虽然精英指挥官优势上的差别在数字上表现得不太明显。换句话说，男士比女士更容易展示出作为精英指挥官可能会带来的风险（参看附录B，表B—2）。

在那些占据"风险得分"前25%的精英中，有一半人也位于"愤怒"得分的前25%，他们在另外两个风险主题——缺乏耐心和争强好胜中得分也很高，不过比例降到约三分之一。特别要指出的是，对于男士和女士精英指挥官而言，数据分析完全一致。这一结论和我们在公司中遇到的现象也是一致的：虽然愤怒是大部分精英人士存在的问题，但对于精英指挥官来讲，不论男女都特别容易存在这一问题。（参看附录B，表B—3）。

过分争强好斗如何导致失败

当对胜利的渴求超出了健康的范围，精英指挥官们就应了文斯·隆巴迪（Vince Lombardi：美国著名橄榄球教练。——译注）的著名格言："获胜不是一切，而是唯一。"他们把身边所有人都当作竞争对手——不只是同行公司中那些真正的竞争对手，还包括自己的同事、公司内其他部门，甚至是所在团队中的队友。友人变成敌人，队友变成对手。他们一心想获得"超级杯"（the Super Bowl：美国全国橄榄球联盟自1967

年起每年举行一次的 NFC 冠军队和 AFC 冠军队之间的橄榄球决赛,棒球"超级杯"是美国职业橄榄球比赛的最高荣誉。——译注),并成为最具价值球员(MVP)。他们必须要取得战斗的胜利,在胸前挂满勋章,而勋章也要比任何人都多。他们一定要超越自己的事业计划,获得最高的奖励。

最可怕的情况是,精英指挥官不仅想要获胜,还要主宰一切;不仅要进行生死搏杀,还要将对手当作午餐。尽管像雷·罗那样的领导者可以很强硬,并以此"获得"尊敬,但那种富有攻击性的风格会滋生不信任、憎恶、鄙视,甚至报复情绪。在那些认为世界不过是个"零和"争斗的精英指挥官看来,人人都和自己一样残忍,所以一切皆有可能,包括欺骗、撒谎,甚至削人脑袋凸显自己的高大。当他们对那些"本是同根生"的同事表现出这种残酷态度时,会引发组织内的极度混乱。

更为糟糕的是,许多精英指挥官对开口求人异常敏感。假如,在你的脑海中,感觉自己总是处于拳击赛场,身边每个人都是麦克·泰森(Mike Tyson),你不会听他们的。如果你认为流露出任何脆弱信息都很危险,你就错过了领导力最重要的影响技能:自我揭露的能力。因此,总是走不出困难境地,最终会影响到其他团队。结果就会出现自扫门前雪的局面,其特点是下属先是遵从,继而变成违抗;那些受到争强好斗的指挥官挤兑的人们会采取微妙的方式暗中加害他们。

有些精英指挥官似乎一生都在哼着电影《飞燕金枪》(Annie Get Your Gun)中的歌曲:"任何你能做的事情,我都

第三章

能做得更好。"在乱七八糟的小竞赛的困扰下,他们受嫉妒驱动去制订策划方案,最终危害了自己有价值的目标。作为老板,他们经常在员工中开展竞赛,因为他们喜欢看那些西装革履的角斗士决斗的场面。

就像圣母足球队的前教练丹·达文(Dan Devine)曾经在队员中挑起争端来测试他们的勇气一样,有些精英指挥官也在员工中煽风点火,作为评估员工胆量的方式,获胜者将被划入内圈。固然,健康的竞争可以激发出员工的最大潜能,但是不必要的、刻意制造的争斗环境会使员工以最差表现示人。不健康的指挥官会将工作环境搞得不伦不类,滋生偏执、诽谤和谣言,喋喋不休地评价每人在记分板上所处的位置。这种感情用事的残忍会侵害办公室士气,使得自我保护超越团队合作,有时还会以员工的叛变告终。

不健康的精英指挥官有一种习惯,喜欢让自己的团队与他人的团队竞争,将自己与所有人对立,这就使得他们与同伴之间直接合作解决双方的问题非常困难。团队、合作、统一对他们而言毫无意义、缺乏刺激、进度太慢。他们当众诋毁自己的对手。他们甚至声称与其他团队分享信息属于不忠行为,因而削弱了自己的团队。为了保护自己,希望与他们合作的同事纷纷止步,驻足观望。长此以往,就出现一种典型的指挥官困境:他们急切盼望着在同事中脱颖而出,但他们竞争力卓越超群,却又难以前进。原因何在?只因如果能力最强的同事不为他们工作,他们寸步难行。曾经被背后捅刀或是被冷酷无情的上司控制的员工害怕他们会一直物色最佳人选,却不善待为他赴汤蹈火的下属。他们想:"如果他升官加爵,我就得走了。"

精英指挥官发动的无情竞争导致公司能量极度枯竭,这就是地盘争夺战。A经理和B经理明争暗斗,在某一项目上一争高下。同时,X经理紧捂口袋,拒不向Y经理分享手中的信息。隐含的信息就是:"你踩了我的地盘,走开!"最差的情况就如同自然界一个现象的映照:鹬蚌相争,渔翁得利。而这里的鹬蚌还属于同一个整体。

以我们的经验,重新引导这些竞争性的能量迫在眉睫,应该将它们转变成真诚的团队合作和友好的协作共进。记住,合作是对精英指挥官最大的挑战。乔·马伦吉(Joe Marengi)在回想与罗·帕尔(Ro Parra)共同经营戴尔美洲区业务的成功经历时告诉我们,"在我的工作生涯中,我不断向跳入我的沙坑中的每一个人眼里扔沙子。现在我竟然在和别人一起经营事业。最初我发现与人合作任何事情都非常困难,但是慢慢地意识到,有人与你分担责任是多么珍贵。"

那些认为只有当所有人都败北时,自己才算是赢家的精英指挥官,会妨碍整个公司的前进步伐。在接受我们咨询的一家大型国际公司中,有两个年轻人加入的时间相差不多,被认为是后起之秀。每个人都负责一个事业单位,大约八千到一万人,彼此之间联系密切。两个人都属于精英指挥官类型,一样地注重结果,一样地极端,对于认为正确的事一样地固执己见。但是他们的顽固却有不同的方向。其中一个,我们叫他哈利(Harry),非常具有创造性,热情而有远见,但是

第三章

他缺乏影响技能,也不够耐心,不会为自己的观点争取广泛的支持。只有当他负责的时候才能一展才华,其他时候,公司根本想不起来他的创造性思维。汤姆(Tom)也是一样具有紧迫感的人,但是他的人际关系控制得非常好,严丝合缝。哈利目光长远,汤姆却更注重短期目标,循序渐进。在他的事业部以外的人们,尤其是那些在哈利手下工作的人,认为他善于操纵,不够光明正大。理想状况下,这两位极富天赋的上司可以取长补短,获得共赢,公司也会因此兴旺发达。但是彼此之间的不信任蔓延到整个事业部,涟漪效应相互作用,最终在公司内部引发严重的分裂。

两人的不和甚至也引发了公司高层的争执。公司首席执行官和董事长都希望能同时迎合两个人,至于如何实现,他们却持有不同意见。我们提议,应该要求汤姆和哈利直接解决他们的问题。目前为止,他们还没有接受这一建议。董事长担心此举可能会迫使二人或其中之一离开公司。首席执行官则不愿意与任何人发生正面冲突,不只是汤姆和哈利。和许多脾气火暴的精英指挥官一样,他宁可当众演戏,却不愿一对一地解决难题。就精英三角而言,汤姆和哈利都认为对方是坏人,自己是受害者,而董事长和首席执行官是典型的英雄。就在编辑此文时,这场争斗仍在继续,泥水越来越浑。

暴怒是如何破坏生产率的

人本心理学的开创者马斯洛(Abraham Maslow)曾经说

过,如果手中仅有的工具是一把锤子,我们会把所有的东西都当成钉子来看待。不健康的精英指挥官就如同一把锤子,总是在寻找合适的钉子。

尽管控制怒火对于四种类型的精英人群都是一项主要挑战,但是被激怒的精英指挥官的确是可怕至极。他们不会拐弯抹角,而会提高分贝,当面怒斥,大声叫嚷,让阵阵恐惧直接钻入他人心中。如果是在危急关头,勇猛好战、咄咄逼人可能是有价值的领导力技能。看到一位军官痛斥战乱时期临战脱逃的士兵,或是足球教练站在边线冲球员狂喊,没有人会去指责。但是当二战时的知名英雄乔治·巴顿(George Patton)将军,在医院病床上捆绑一名受伤的士兵,或是俄亥俄州立大学传奇教练伍迪·海耶斯(Woody Hayes),猛击对方球队球员时,人们认为他们简直是毫无人性、不能自控的尼安德特人(粗鲁或不文明的人。——译注),他们的名誉也急转直下。

如果说有适合性急的精英人士发泄的时间和地点,那也很少是在现代商业环境中。然而,人们通常认为受到精英指挥官的责骂是与这些能成大事的精力充沛的领导者交手的成本。但是,这样做可能会产生致命性的副作用,尤其是当两个暴躁的精英纠缠厮打、难分难解时。两败俱伤的争斗开始了,蓄意不良的插手产生了,目标则不仅是要打败对手,还要将其彻底歼灭并当众羞辱。

凯特回顾了她在一家大型企业培训公司首席执行官和首席运营官的故事。刚开始,她分别给两位高管上了几节

第三章

课,与两人都建立了非常友好的关系。接下来,她参加了一个16位高管和大约25位副总裁和总监出席的会议。主管运营的高级副总裁开始陈述,正好站在首席运营官的旁边。刚过几分钟,首席运营官就站了起来,用手指指向高级副总裁,开始冷嘲热讽、恶语中伤。凯特完全镇住了:这个私底下性情温和、魅力无穷的男人在公众面前竟然会如此粗暴。副总裁被逼得不断后退,最后几乎被摁到了墙边。出于本能,凯特突然站了起来,走向盛怒中的首席运营官。

  凯特也不知道自己要做什么;她只知道自己必须制止这种辱骂。还好,首席运营官看到了她,提出休息一下。凯特将他带到一旁,明确坦白地告诉他:这种行为必须停止。为了使他能更好地理解,凯特告诉他,自己不会在一家允许此种行为存在的公司工作,更别说是首席运营官带头这样了。幸好,和许多成熟的精英一样,如果是合适的人以正确的方式指责他的不妥之处,他不会介意。凯特没有因此失去工作,反而赢得了更多的尊重,奠定了有效的训练—辅导关系,并且使这种关系发展为温暖的友情。

  谈话中凯特指出,首席运营官在公开场合令人恐惧、在小团体内或一对一的时候温文尔雅,这样把人们都弄糊涂了。这种先爆发再补救的行为与大家在管理原则101中学到的恰恰完全相反:公开表扬,私下批评。起初,首席运营官还试图解释自己的行为:"我不想因为某个人走的路不对,去浪费30个人的时间。我的脑子转得很快,想赶快制定决策并落实。当我感到受挫的时候,就会变得非常直率。在小团队中，我明天还可以见到刚才说话的人。但是在一大群中层经理中，我可能六个月都见不到他们，所以我必须当场立即表明观点。"和其他不健康的指挥官一样，他知道自己会使别人沮丧，但他认为这是有效领导力的必要条件。凯特给他看了同事对他的全方位评价，指出这种"化身博士"[电影《化身博士》(Jekyll and Hyde)中的主角，具有双重性格。——译注]行为造成的实际影响。比如：

"开会的时候他实在是太爱发脾气了，以至于大家都要提前编排一下，还要过滤掉任何可能会导致他生气的信息。"

"私底下，他平易近人。但是人多的时候，他过强的攻击性让人对他的观点不得要领。"

"我学会了不在人前和他争执，而在事后私下找他谈。但这样一来就有碍大家开诚布公地讨论，也不能以团队的形式作出决定。"

"实际上，我们在会议议程中总是留出十分钟的灵活时间，留给他大发雷霆。他走了之后，我们就开始真正的工作；我们开始分析事实，探讨如何去做。"

当看到自己成为数十个精英三角中的反面角色时，首席运营官愿意认真地去调整自己私下里像"泰迪熊"、会议中像"跺脚兔子"的性格。

指挥官在场的威力

精英指挥官通常不知道自己在场的威力有多大。举例来说，利普特中将具备精英指挥官所有的优势，而基本没有

第三章

沾染那些弱点。他就是团队成员的典范,是一位坚定、权威的领导,从来不会提高嗓门或大发脾气。但是在他担任国防后勤局最高首领六个月后,他的全方位测试说明有些团队成员认为他令人生畏、具有威慑力、待人冷淡、很难读懂,对别人的感觉漠不关心。我们告诉他,通过培养一种坚忍不拔、以结果为导向的氛围,他给大家安装了一个必要的唤醒铃,但是尚未赢得信任。长期来看,组织必定要受损失,因为对他怀有畏惧情绪的员工不可能坦率诚恳地沟通,也不敢承担必要的风险去化解复杂的问题。事实上,胆小多虑的普通员工已经踟蹰不前,除非感觉自己能驾轻就熟地控制局面,否则他们不愿意接手自己部门的问题。

如果像利普特中将一样温文尔雅、懂得如何控制自己的领导都会无意中让员工感到畏惧,想象一下怒火冲天、凶神恶煞般的领导会让人有何感受。

听了我们的报告后,利普特中将立刻采取了行动。他立刻呼吁员工开诚布公地沟通、诚恳坦白地反馈,并且将真我展示给大家。2002年6月,我们举办了一次外出活动,转机随之出现。活动中,我们要求高层领导在活动挂图上列出自身优点和需改进之处——然后大家绕着房间走,在每人的挂图上添加评论。令整个小组震惊的是,利普特中将也作为同事参加了活动,坦诚地回应了大家关于他个人发展的反馈,并保证落实别人建议的改变措施。正是这次的大胆举措彻底改变了他以前的风格给别人造成的错觉。后来,他向高层管理人员解释,承认自己努力整顿的做法无意间引发了问题，这样一来彻底消除了大家的恐惧心理。

下一轮全方位调查中，我们收到了这样的评论：

"利普特中将敞开心胸让我们加入，这表明了他对大家的信任。我们都因此获得提高，同时也竭尽全力为他服务。"

"利普特中将调整了接近他人的方式。他以前也非常有效，但现在他踏上了新台阶，具有更广阔的领导力影响。"

利普特中将风格改变的一个直接结果，就是使国防后勤局成功应对了伊拉克战争的需求。团队合作和沟通方面的改善确保该机构的效率大大提升，同时做到了人员精简。因此，国防后勤局从军队客户中赢得了更多的赞赏，随着军事基地按计划关闭，它也承担着越来越重的任务。

和利普特中将不同，很多令人畏惧的指挥官拒不承认自己可以对他人造成负面影响。他们坚持认为自己的做法是成功的必要因素，无人敢与之作对。人们也不愿说出真相，只是远离他们的瞄准仪，一致沉默，明哲保身，这种态度甚至会影响到高层管理人员那里。当最终有位权威人士站出来，告知他们好战和恐吓是不会被接受的，指挥官们通常会说一些管理层爱听的话："有时候我会那样做，只是因为我急切地希望我们能取得成功。"他们发誓会控制自己的情绪，更好地和他人合作。但是往往只有极个别的指挥官会以追求胜利的那种热情追求自我改善。他们为什么要那么做啊？反正轻微处罚之后立刻就能得到另一份肥差。

正如先前所述，这些状况都在急速变化。各个机构越来越不能容忍高管存在粗暴谩骂行为，所以那些争强好斗、一

第三章

路嘶喊拼杀至中层管理者的精英指挥官们,如果不改变自己的方式,将不得不原地踏步。

精英女性指挥官

精英女性指挥官不仅在数量上相对男性较少,她们也更不愿意以恐吓和统治的方式展示自己的权力。她们和男人一样注重成果主义,嗜"胜"成性,喜欢成为"领头羊";不过在追逐目标的同时,她们也注重对待他人的方式。在我们研究中的指挥风险得分中,男士要比女士高得多,这也不足为奇(参看附录 B2 表 B—2)。[2]

精英男性和女性指挥官都会被使命感所驱动,但是女性更容易通过呼吁手下大军迈向高于最起码的目标来激励他们。尤其是当她们觉察到大家漫无目的时,会借助使命和传统等概念进行激励。

精英男性和女性指挥官也都会激发周围人的忠诚,但他们选择的方式却不相同。女性通常倾向于在自己的团队中建立一种团体和社区的感觉,发自内心地关爱大家,比男性更会关注他人工作以外的一些利益,会赠予下属微不足道却非常有意思的小礼物和卡片等。简而言之,女性通常因为母性的关爱软化了自己强硬进取的指挥官特质。

比如,有一位精英客户叫凯西·曼金(Kathy Mankin),她是一家大型金融服务公司美国海勒金融公司(Heller Financial)的中层管理人员。她坚强、果断、能力超群,但她的管理风格却洋溢着母性特征,以至于办公室的人都称她为"妈妈"。她确保自己的团队成员都能得到应得的认可,还会为员工晋升去游说他人。当她要求大家周末加班时,也会卷起袖子和大家一起干。这些都使她成为非常受人尊敬的领导。

然而,她是否具备高层领导应具备的权威却受到质疑。比如,当员工没有完成任务时,她的斥责会让人觉得内疚,但却不能推动他们真正去落实结果。她保护下属,也一样控制下属。她天生保守,固执地强行推进自己的观点,运用自己的影响力击败那些思维不合常规的观点。对于她的悉心照顾,下属们心存感激;对于她的过分控制及拒绝创新,下属们却颇有微词。

值得赞扬的是,当凯西发现自己的职业生涯面临天花板时,立刻采取了补救措施。她知道要更多地成为指挥官和调解者,而不是救助家和养育员。她渐渐学会了在别人建议的基础上解决事情,而不只是强制推行自己的方法。她甚至还改变了自己邻家大妈的形象,更新了自己古板的衣服和过时的发型,经常健身,体型也变得匀称起来。四年内,她连升三级,成为公司内创收最高的部门的总裁。

然而,并非所有的精英女性指挥官都学到了这样的教训,都意识到柔弱会让人觉得低效、会阻碍她们的事业发展。这对那些遇到同事推让就自己承担的女性尤为重要。一旦有人提出不同意见,就变得感情用事,容不得异见,这恰好印证了别人对女性的偏见,认为她们不够坚强,不能成为最高管理者。同样地,不用事实和数据说话而单凭直觉前进,也会起到相反作用,因为有直觉力的男性指挥官不太可能会这

第三章

样做。

指挥官工具

如果你是一位精英指挥官,摆在你面前的主要挑战是扩大自己的关注面。既要自己发光,也要允许别人闪亮;有效合作,参与竞争;以能力和实力冲击别人的思想,以公平和关爱赢得他人的心。你要高高在上,但又不能把别人衬得矮小;你要自己率队冲锋,但也要向下授权;你要获得别人的拥护,同时对他人予以褒奖。另外,你还要成为为下属树立这些优良品质的典范,鼓励你的团队与其他小组在共同目标和共享资源的基础上建立合作关系。你已经习惯了接受严峻挑战。如果你能以处理其他挑战的能力和坚毅来迎接这一挑战,回报你的将是绝好的机遇。

你的手是不是已经悬在空中,准备翻过本页跳到其他章节?是不是已经在想,"我不需要任何建议;我已经在游戏的顶峰?"那正是许多精英指挥官听到别人真切的反馈意见时的反应。他们开始利用自己的个人魅力和"万事皆能"的精力,开足马力,回避调整自己行为类型的基础任务。指挥官的经典错误就是将粗暴行为和结果弄混,切记不要再犯。

暴露你的弱点

精英人士是自己心目中的超级英雄,他们希望表现得信心十足,强壮有力,甚至天下无敌。他们担心,如果不那样表现的话,他们的可信度会被打折扣,对手会像鲨鱼闻到血腥味一样突袭过来。由于他们通常采用令人生畏的态度作为管理工具，指挥官们尤其不愿意展现自己的薄弱地带。他们以各种各样的方式表现了这种倾向，从直率威逼到跳跃式得出结论，方法不一。由于他们需要表现出果断决然，他们会按照自己的假设采取行动，而不去收集必需的事实或关注重要的细节。这种倾向可以破坏信任：在国际发展维度（Development Dimensions International）针对700人进行的调查中，30%认为不检讨事实就直接得出结论是老板们最不可原谅的错误。[3]

然而，可能有点自相矛盾的是，当坚定、成功的领导者承认自己的缺点时，人们却认为他们更加自信勇敢。比起打肿脸充胖子、害怕别人看到自己盔甲上裂缝的领导来说，那些敢于公开暴露自身人性弱点的领导者，既呈现出力量和可靠，同时也会赢得更多的尊敬。

让我们直面现实：所有人都知道你是凡人。试图维护一个完美的形象只能让人们远离你。向别人展示自己的弱点和怪癖可以告诉他们原本不知道的事情：你有自知之明，谦逊朴实，期待改进。通过直率获得的尊敬和信任可以帮助你建立忠诚、有效的关系，并将你的领导地位提升到一个新的水平。

你是否愿意为了建立更强的工作关系展露自己的弱点？诚恳地回答以下问题会让你了解自己的坦诚或自我保护程度：

第三章

当别人问我事情时,我很难开口说"我不知道"。

我想办法让别人知道我比他们聪明。

我总是夸大我的经历。

在找到解决办法之前,我试图掩盖自己的问题。

我转移任何使我看起来不好的信息。

有时候即使没有弄明白一个问题,我也会装作已经了解。

有时候即使我不确定应该做什么,我也试图装扮出果断决然。

如果你对以上大部分问题都回答了"是",你可以坦率地自我揭露一次。这并不是心理呓语,而是关于具体细节、基本底线的考虑。在我们的经验中,重视开诚布公和自我了解的公司更具有创造力和活力,利润也更为丰厚。

如果你对此有所怀疑,就做一个心理测试吧。假设你的精英领导对你如何执行了他的命令怀有疑问,而你对此却茫然不知。想象一下,他怒气冲冲闯入你的办公室,摔门之后,闷头给你一顿羞辱的谩骂。再想象一下,还是发生了同样的事情,但是你的老板坐下来,心平气和地说,"我知道我没有说清楚自己想要的东西。我能感觉到应该如何去做,而且我真的希望你能落实,但是很显然你不能了解我的思想。那么我们试着一起梳理清楚吧。"两种方式,哪种能够让你全力以赴地去完成任务?哪种经理会获得你的忠诚与信任?

2002年,时任海军供应系统司令部(Naval Supply Systems Command，NAVSP)中将的丹·麦卡锡(Dan McCarthy)，请埃迪帮助手下的高级官员解决一个棘手问题：如何在支持全球反对恐怖主义的竞争需求的同时，符合海军大幅降低运营成本的要求。麦卡锡本人就非常愿意接受培训，好学上进。他也可能会令人生畏。他的官级，他那让人过目难忘的体格，他那洪亮而又斩钉截铁的声音，构成了典型的精英指挥官的有力形象。当埃迪邀请团队其他成员描述他们与这位将军工作的经历时，一位名叫简(Jane)的老资历非军职高管讲道，她曾经投入大量时间和精力为麦卡锡搜集信息，结果向麦卡锡汇报时，他只是粗略看了一眼。针对这个略微有点温和批评意味的评价，将军像辩护律师一样反驳起来，说了一大堆实际原因，又理性又有辩护力度。很明显，简慢慢做出让步，拒不开口。

麦卡锡召开此会的目的原本是鼓励大家就组织内部问题坦诚对话，而他的反应则明显地不配合这一目的。庆幸的是，他很快意识到自己所做的事情。午餐休息过后，他开始发言，承认他在上午的会议上过于自我保护，这一点让大家感到震惊。他承认，当时他并没有意识到这一问题，但事后反思，清楚地认识到这一点，希望能完全为自己的所作所为负责。麦卡锡的鼓励从根本上改变了整个氛围。其他成员几乎立刻向他学习，开始诚恳地自我反思。长久以来压制的难题提上桌面，变得非常容易解决。从那天开始，整个NAVSUP执行团队的交流变得更加坦诚，更加有效。

在那次的重要会议上，麦卡锡中将展示了以下几种技

第三章

能,这也是每个精英指挥官都应学习的:(1)他能够诚实地反思自我,而不是埋怨别人或忽视别人的贡献;(2)他放弃了自我保护,开诚布公地真诚学习;(3)他坦率地承认了自己的错误,并且(4)揭露了自己行为中的缺点。总之,他展示了自己存在缺点。精英指挥官极少采取此种举措,一旦实施将不可避免地产生较大影响。

下面是一个关于自我揭露的有力例子,同样也展示了人格形象对工作的重要影响。一家财富500强公司的高层管理团队围绕一项潜在收购进行了热烈讨论。争论强度逐渐升级,团队开始两极分化。公司的首席执行官,为自己树立的人格形象是"倒买倒卖的个体商人"(Wheeler Dealer:指那些精明能干,善于利用他们跟重要人物的关系来做成大笔生意的人。——译注),强烈推动此项并购,大约有半数人员支持这一建议。另外一些以首席财务官为代表的相对保守的成员,不愿意进行这项并购,感觉存在风险。房间似乎要被其中的紧张气氛而炸裂。突然,首席财务官在座位上伸长了上身,显得更高了一些。他是一个身高马大的人,以性格暴烈著称,所以立刻控制了会议室的气氛。他挥动着胳臂,喊道:"咆哮和怒喊先生要出现了,我控制不了他们啦!"

整个房间突然落下一阵开怀大笑,如同流水从各个水龙头猛然喷出。"咆哮和怒喊先生"是首席财务官自己命名的人格形象,当他暴怒的时候他们就会出现。和其他人一样,他自己也非常惧怕出现这种情况,因为这些年已经因此引起了大量损失。如果"咆哮和怒喊先生"占了上风,首席财务官会专横地推进自己的方法,直到取得胜利,反对意见绝对会被打入冷宫。相反,他轻松的自我揭露消化了整个紧张气氛。现在整个小组可以更冷静地分析事实。就连"倒买倒卖的个体商人"也看到了首席财务官论点的英明所在,后者的论点很快获胜。

这个故事中得到的教训是:通过揭露自身的弱点,你可以向大家传递一个潜在信息:不完美也没关系。你的坦诚使你成为具有自知之明和能够持续改善的典范。如果提出得恰当,自我揭露可以拉近他人,使他们更愿意给你信任和尊敬。

底线是:如果你希望建立一个学习型组织,让人们都致力于钻研更新更好的做事方法,第一步、也是最重要的一步就是使自己成为这些品质的典范。

结束不必要的争斗

你和彼此斗嘴的同事都应该认识到,良性辩论可以健康发展,但喋喋不休地无聊争吵可不会。你们站在同一条船上,争权夺势可能会使你们都沉入大海。防范这种事情需要诚恳、深切地沟通,尤其是在曾经有过剧烈摩擦的同事之间。相比其他类型精英,精英指挥官更不愿意展示自己的弱点,所以通常需要对手率先表示出诚意,才有可能获得突破。然而,有些时候需要直接交涉。下面这个例子讲述了我们为他们所在的医药公司的利益如何把两个精英指挥官拉到一起。

本(Ben)是一位高级研究人员,因卓越的技术专长和鼓

第三章

励员工追求结果的能力著称。他 6 英尺 6 英寸高的个头，做事自信从容，再加上在整栋楼中回响的浑厚嗓音，更加彰显了他的权威地位。他的最大挑战和数百万精英指挥官一样：他不是总司令。

和其他无数领导者一样，本自己也受别人领导。他要向研发部主管吉尔（Gil）汇报，吉尔是一位态度坚定、执行有力的领导。他们之间的合作关系富有成效，但也存在些许争议。

在会议上，本和吉尔彼此之间争执过多过激，以至于渐渐失去了手下的信任。下面是我们在本的全方位评估中听到的评论：

"他们简直就像不停斗嘴的比克森夫妇[《比克森夫妇》（Battling Bickersons），美国广播喜剧，1946—1951 年播出，夫妇俩几乎时时斗嘴。——译注]。吉尔冲本发脾气时，我脖子上的汗毛都竖起来了。本似乎不认为这是个人攻击，但是也不时反击。"

"本和吉尔之间是很奇怪的关系，有些时候变得非常不稳定。他俩在会议上相遇会浪费大量时间，非常不利于公司的发展。"

"他们在公开场合简直就像表演拳击比赛，在员工会议上就像上演话剧。但是听说一对一的时候，本会避免出现冲突。"

我们建议，本和吉尔要学会私下里快速解决他们之间的差异。相比之下，我们推荐的改变措施中对本提出的要求更多,这不仅因为本要向吉尔汇报,还因为他更容易接受改变。事实上,那正是两人之间存在的主要问题之一:吉尔知道本那种好战独裁的作风孤立了其他业务部门的同事。本知道自己必须要改变。他把自己动辄争吵的那种人格形象命名为"坏本"(Bad Ben),并公开承诺要转变,一旦重蹈覆辙,请同事即刻给予反馈。

两个人都同意在情绪变坏前自我教育一番。为了避免坏情绪的累积,他们学会了自己把握自己的问题。一旦吉尔看到本控制了过分的指挥官行为,自己也能放松警惕,不再冒犯、吹毛求疵。可以想象,不仅他们之间的合作更加愉快,周边的人也信心倍增,工作效率更高。

精英指挥官如何控制愤怒

人们可以对精英人士百般忍耐,但是他们的神经系统只能忍受这么多怒火,之后就会像冷水机排水管一样排压:旷工、离职、工作效率明显降低。我们发现下面两种战略对于精英怒火的控制非常有效。尽管所有精英都可以从中受益,我们还是将它放到本章,因为相比其他类型,精英指挥官更倾向于公开表示自己的愤怒,而且爆发得更为剧烈。

深吸一口气。当怒火即将爆发时,需要意志力和清醒的头脑来克制自己。忍一忍不爆发可以给你一个冷静下来的机会,以免冲动做事,过后后悔。还能给你反思的时间。你究竟想得到什么?你的崇高目的是什么?怎么做才是对整个团队最好的?对整个公司呢?对你自己作为领导者的未

第三章

来呢？休息一下，能帮你确定你的行为举措和你的最佳目的一致。

当然，情况通常不允许你长久反思。但是即使做短暂休息，也可以获得很多东西，尤其是当你静心思考时。我们发现，呼吸训练和一些动作，不管是力量型的运动，抑或是散步或伸展活动，对于平息心中怒火都相当有效，可以帮助人们在采取措施之前"复位"。不需要做太多。几个深呼吸，重点在于持续呼气，很快就能引起安抚作用。大脑中的动物能量可能会促使你想惩罚或痛扁某人，做运动可以引导这种能量，提升到理性思考和创新意识所在的更高的中心。与此类似，离开座位，活动身体——快速走动、地面运动、原地跑步、四肢伸展——可以很快排出体内激发恼怒情绪上升的易怒能量。（具体细节参看第八节）

从朋友那里获得一点帮助。你是否有一个可信的同事，在他面前你能坦率直言，而且愿意听他说出事实？为什么不向他求助，来抑制怒火？同盟中人往往能更早地看到不断缩短的导火索，帮助你避免怒火爆发。他们可能会让你知道你已经变得烦躁不安了，你刚才对某人的批评不合适，或者你快把某人吓死了。他们也可能会帮助你更好地理解惹你生气的状况，做出更适合的反应。最理想的伙伴是和你在一起的时间足够长、已经熟知你的小毛病的人。明确表示允许那个人给你反馈。明确告诉他或她你想怎样接受反馈，并且保证"不杀信使"。

我们的一个客户，权且称为马里奥（Mario），具备精英指挥官的全部优势,然而火山爆发式的脾气让他在一个又一个的精英三角中扮演肇事者的角色。作为一家跨国公司中负责全洲业务的高级副总裁,马里奥事业上平步青云。但是他的铁血风格的代价不断升级:丧失精力、员工疏远、名声玷污。2002年,我们得到的全方位评价如下:

"马里奥亲身实践、事必躬亲的方法使工作令人兴奋,促动我不断改善。但是当他被激怒时,你最好赶紧躲开。"

"每次我想自己已经不能再进一步时,他都会推我一把,让我进入新的一轮。但是他太没有耐性了,很快就能掐住对方的脖子,弄得非常惨。"

"他做事坚持不懈,韧劲十足。但是他就像一个牙医一样,死死缠绕你的神经。他声明自己的观点,再次强调,一再坚持,直到你屈服为止。"

"马里奥很有主见,但是通常说明得不是特别清楚,大家也不敢问。他们说,'是的,先生,'祈祷自己不要出一点错,否则他的反应会让你痛苦万分。"

"在某种意义上,他的风格很能激励别人,因为你会不惜一切避免被他责骂。但这种风格是最终不能成功激励他人,因为他让大家焦虑不安。他需要平衡'警官马里奥'和'伙伴马里奥'的形象。"

这些正是我们开始培训马里奥时设定的目标。他的一席话让我们相信他是可以改变的,他说:"我对他人直率诚恳,因为我希望能激发出他们的最大极限。但有些时候我做得太过了。我怎样才能调整自己的风格,使之更有效呢?"他

第三章

为自己总是惹祸的形象起名叫做"推土机"(Bulldozer)，又提出了一个替代形象，叫做"日本武士"(Samurai)。除非绝对有必要，日本武士可以控制自己的思想，不参与暴行。接下来，我们集中攻坚，关注三方面的改善。

其一是他的沟通技巧。我们帮助马里奥学会更有耐性、更深入地听他人讲话，那样他才能和别人建立更真诚的关系。还建议他采用赞许作为激励手段，而不是仅仅通过让人惧怕、令人生畏。第二点是扣动扳机之前学会停顿。他制定了一系列活动表，当开始生气时进行深呼吸，当他已经非常愤怒时练习空拳，再单独待上几分钟。最后，我们鼓励他公开自己的问题。他不止告诉我们，还和一个脾气一样暴躁的可靠同事设计了一个保密系统。当他们需要人来平息怒火时，会寻求对方的帮助，并且约定每周见面一次，讨论自己的进步。

两年之后，我们看到的全方位评估是这样的：

"每个人都开玩笑说'更善良、更绅士的马里奥'，不过这是真的。过去的话，他会说，'如果这季度你们不能做到这个数的话，我们会进行一些改变。'现在，他会说，'你已经有很大的进步，但是我还指望你继续前进。'他关注要求，而不是威胁结果。"

"他以前总是以负面的词语说出自己意见的底线。现在你可以得到更具体的东西，不那么情绪化，让人更容易明白他所表达的意思。"

"他并不是一个外交家，但是他采取了一些技巧去匹配自己的韧劲。"

"偶尔他还会不冷静，但不再使用粗俗语言了，也不再把声音提高八度。"

"过去如果出现了错误，马里奥让你都不知道怎么死的。现在，他会让你知道他心烦意乱，然后继续做事，不会让这一个点影响全局。"

"在最近的一次会议上，一位比他低两级的主管提出了一个独特的建议，但是没有任何事实和数据支持。如果是过去，马里奥会全然崩溃。相反，他给予了几点中肯的评论，就此罢休，当陈述人离开之后，他说，'那个人需要我们的帮助。'"

马力奥学会了控制心中怒火，结果在我们的意料之中：曾经拒绝马里奥领导的人们能够更好地追随到底，曾经隐藏才华、遮蔽思想以避免引起马里奥发怒的人现在有了更大的热情和创造力。

如何与精英指挥官共事

精英指挥官越争强好战、越恶言侮辱、越不可理喻，你越容易说服自己，相信自己是受害者。然而不管你有多少理由，一味地把他当成恶棍会将你锁定在精英三角的污水池中，找不到救命稻草。相反，你应该对自己可以控制的事情大胆地承担起责任：你自己的反应。

避免抱怨尤其重要。精英指挥官男士通常很难容忍别人抱怨。看看我们采访一位精英指挥官的直接下属时该下

第三章

属对他的评论:"有一次,我跟他诉说我在某个跨职能项目中和同事合作的问题时,杰克厉声高喊:'闭嘴,别再抱怨了。'他没有考虑别人的努力、付出和挑战。"所以,不管你身边发生了什么事情,当你脑中开始出现"我真可怜"这样的声音时,找一种别的态度和方式观察形势,或者寻找其他途径解决问题。接受学习型挑战:考虑自己如何才能更有效地与指挥官合作,让自己的思想和洞察力成为更有用的资源。

例如,假如你感觉你的指挥官老板对你要求过高,不要想办法说"不",而要问问自己,能做什么改变来更有效地达到同样的结果。怎样才能既利于自己又满足他的要求?这样想可以带来"三赢"——你,指挥官和你所在的公司——的局面。

同样,当心唤起那些实际上会强化精英指挥官最差人格形象的倾向。尤其要避免成为以下三种人:和事老、讨好者、抱怨者。

和事老和讨好者不喜欢与人冲撞,所以会佯装同意,实则非也。他们应该知道,"让事情发生"往往要比"让事情美好"更重要。会议之外,和事老和讨好者经常又会变成抱怨者,在精英指挥官背后发泄。如果你看到自己身上有这种倾向,不要再抱怨,鼓起勇气采取措施。学会如何关注细节、汲取经验、获得支持,解决你敏感觉察到的问题。即使面临犯错或被批评的风险,也要采取必要措施。

下面这个例子讲述了一个能力出众但不是精英的高管,如何巧妙地与一位强势强权的精英指挥官交涉,为自己和公司赢得荣誉的故事。2005年，AMD（Advanced Micro Devices）公司董事长兼首席执行官鲁毅智先生（Hector de J. Ruiz），作为国内十大商业领袖出现在《商业周刊》（BusinessWeek）的封面上。[4] 退回到1999年，当他被推选为AMD总裁兼首席运营官时，朋友们试图劝他不要接受。他们不明白，像鲁毅智这样一位为人谦逊、擅长合作的出色领导，如何才能与时任董事长兼首席执行官的AMD创始人，杰里·桑德斯（Jerry Sanders III），一位精力旺盛的精英指挥官合作。但是，拯救一家举步维艰的公司这一重大挑战触动了他，同时董事会的成员也示意他会成为接任桑德斯的第一人选，鲁毅智接受了这一工作。

与一位因抨击别人而出名的善变的首席执行官相处，简直就是上演一幕残酷的现实剧。鲁毅智选择不被拖入精英争执的泥坑中，"我尽可能让转变顺利进行，"他说，"我认为，就算最终能胜出，直接与杰里对抗也会让工作效率低下。"即使杰里在会议中又吼又叫，鲁毅智还是非常冷静。他曾在摩托罗拉工作，并在那里接受过凯特的培训，所以总是会等着冗长的抨击结束，也拒绝以个人身份迎战杰里爆发的怒火。他不会紧紧地自我防御，而会寻找表达否定的方式，将大家引导到合理的讨论中。

同时，鲁毅智意识到自己有必要增加一些正面的精英特质。否则就不能推动AMD向正确的方向发展。"我确保每个人都知道我不是随便进行改变的，我请他们支持我，听取了他们的疑虑，但是我明确但又不尖锐地表示，那是我的决

第三章

定,你们要么接受,要么离开。最终,大约有三分之二赞成这种改变,然后我又坚定而又有建设性地说服了另外三分之一。"通过坚持自己的原则和个性风格,鲁毅智成功地带领 AMD 步入平稳地重整道路。2002 年,他接替桑德斯出任首席执行官,2005 年成为董事长。

如何与发怒的精英相处

不管你自己是不是精英人士,与善变的精英人士合作是工作中的最大挑战之一。下面是一些关键技巧:

- 不要过分自我保护。不要解释。不要找借口。不管发生了什么,要承担百分百的责任。可能不是你的错,但是你可以承担你自己的那一部分,更重要的是,竭尽所能找出补救措施。
- 避免感觉自己受骗上当。当然,你的精英老板专横跋扈。是的,你可能是他的替罪羊。不错,谁也不应该受到那样的对待。不要报复,要以好奇心对待。好好想想为什么自己会被训斥。如果你注重学习成长,而不是生闷气或发泄,你会站在精英三角之外。他扮演恶人角色,并不意味着你一定要成为受害者。
- 反思自己。你不应该受到谩骂,并不意味着你没有站在靶心位置。你很早以前就开始成为别人怒火发泄的对象了吗?这对你有什么作用吗?如果这种闹剧能够给你带来二级收获,你可能会让它继续上演。在你能真正保护自己并树立合适的边界之前,你需要知道为什么是你、你又是如何引发了精英们的爆炸的。
- **好奇待之。** 培养一种持之以恒向精英们学习的态度，不管他怒火爆发时什么样子。冷静地重述他的信息。问一些辨析性问题，让他知道你想理解他。透过他们愤怒的外表去寻找他们内在的闪光点。
- **阐明你的标准。** 人们对待我们的态度是我们自己训练出来的。如果你总是被训斥或羞辱，从某种程度上来讲，你已经认为没关系了。精英向你发怒，说明你没有坚定自己应该受到更好对待，应该牢记这一点。自己脑中要明确坚持，谩骂行为行不通，谩骂者就会开始慢慢改变。
- **坚定自己的立场。** 明确指出哪种行为不可接受。然后让大家知道你的底线。让精英知道，如果将来他再越过禁区，你就会离开。如果你不得不继续接受那种威胁，不要一次性怒火爆发或对其加以评判。只是提醒他你说过的底线，把你不能接受谩骂的信息传递给他，然后走开。精英们可能不喜欢你这样，但是他们会真心尊敬你的做法。

面对精英指挥官，女性如何坚持自己的观点？

对于女性而言，在指挥官文化中生存是一个主要挑战。琳达·芙利卡（Linda Furiga），国防后勤局的首席财务官，发现关键在于巧妙地运用所接受的培训。琳达层层攀升，抓住每个机会展示自己的能力，最后抓住了位于美国军队运营核

第三章

心地带的一家大型机构的钱袋拉锁。

琳达性情温雅,比较安静,尽管她明显具备一些资质,在混乱局面中她的洞察力总是被人掩盖下去。在一间充满精英男士浑厚声音的房间内,她柔弱的声音根本没人听到。有时,同事们会想起来她刚才说的某一点,但是却认为是另一位力度更大、音调更高的人提出的。琳达非常了解这种状况,也很痛苦,看到别人对她的全方位评估,她一点都不奇怪:

"她需要在会议上声明自己的观点,支持自己认为正确的事情。"

"她表达很清楚,但是没有说服力,因为她太温和了。她在公众场合应该更加坚定有力一些。"

"她的声音表达出一种胆小怕事,实际上她应该表现得非常自信。"

琳达知道,她自己说话温柔的风格是一个很大的风险。作为一位负责300亿美金收入和预算的高管,她必须保证每个人都得到了自己需要的信息,还要避免"亲力亲为的"部门领导去操作系统。另外,她还要说服国防部和美国国会允许国防后勤局动用完成任务所需的资金。她知道她应该表现得更加有力,但是对于如何改变这一处境毫无办法。当利普特将军安排我们去帮助她的时候,我们问她是哪种人格形象削弱了她的权威力度。她说,一个是事实经纪人,一个是和事老。

在第一种人物形象下,她方便别人讲出事实,但自己却不够坦率。作为和事老,她过度重视维持平和气氛,以至于不坚持自己的立场,也不发表必要的反馈意见。

　　为了帮助她了解这两种人格形象在别人眼中的样子,我们录制了她扮演着这两种角色给别人做演示时的录像。然后,我们研究了她说话的强度、节奏和时点,以帮助她更有力度,更让人信服。我们告诉她怎样讲话才能显得有力、让自己加入到谈话圈中。不久,她经历了新技巧的关键测验。当着一屋子的精英指挥官做演示——全都是政府高级官员和军队领导——她传递了一种掷地有声、使人信服、鼓舞人心的形象。随着这种改变贯穿到日常交流中,琳达渐渐地拥有了本来应该得到的认可。2005年,她荣获总统成就奖(Presidential Achievement Award)。除了学会在独裁的精英指挥官面前把握自己的观点之外,她没有做任何改变,不过也从他们身上学到一些特质,嫁接到自己不活跃的领导特征中。在订单时间仓促的情况下,她充当先锋部队,成功地提供了9·11事件爆发后所需的大量资源。她向国防部长办公室(Office of the Secretary of Defense)做了简单汇报,为国防后勤局另外争取了60亿美金的关键资金。

　　在接下来的一章中,我们将探寻精英梦想家的创意世界;他们与精英指挥官有很大不同,但是所面临的挑战的重要性毫不减弱。

行动步骤

如果你是一位精英指挥官:

● 增强自己的意识,关注自己如何影响同事的态度和生

第三章

产效率。
- 了解自己看世界时所戴的惯性眼镜,以及随之而来的蒙蔽。
- 延展你的主人翁感觉,不只关注自己所在的直接领域,还要关注整个公司。
- 了解自己不健康的人格形象,如推土机、暴君、锤子等。
- 讨论初始就控制自己潜在的人格形象,用更有效的领导力方法替代它们。
- 学会领导,而不令人生畏;学会教育,而不强人所难。
- 找到突出自我而不诋毁他人的方式。
- 不要害怕暴露自己的缺点和弱点。
- 学会与人合作的技巧,与真正的对手对抗,而非自己的同僚。

如果你与精英指挥官共事:
- 有意识地采用有效的精英特质,以获得更好的效果,让别人认识到你的贡献。
- 竭尽所能帮助精英指挥官达到目标。
- 察觉任何不健康人格形象的迹象,如和事老、讨好者、抱怨者等。用那些能使你更强大的人格形象代替它们。
- 控制自己的自我保护行为;不要一个人承担指挥官风格或怒火爆发的后果。

- 找到直截了当但又不引发指挥官发怒的方法。
- 学会不卑不亢。
- 在小范围内与指挥官一对一地冲突,而不要在大范围内。
- 不要与指挥官竞争;保证团队或组织利益优先。

第四章　精英梦想家

——高瞻远瞩的追梦人

人们常说,有一种胆大妄为的傻子,总是闷头闯入天使都不敢涉足的地方。而我正是这个谚语的完美写照。我一生无所畏惧,万事皆乐观处之。有时我会走进死胡同,过了好久才停步,四下彷徨,寻找出路。七十年代初期,我和同事率先发明了血管紧张素受体抗结剂,将高血压病症的治疗向前推动了一大步。当时,我们一年只挣11,000美金,而作为学者,申请专利又需要自己掏钱支付专利费。于是我们只发表了研究结果。驱动我这么做的是"猎获"的乐趣和"捕杀"的快感——猎获是指在科学上有所突破,捕杀是指将其用于实践,使人们真正受益。怀抱理想与终日梦想的区别在于梦想家只是徒有想法。对我而言,如果药品不能用来救治有需求的病人,那它就毫无意义。

第四章

当我发现了COX-2的存在时，我意识到它可能会引导我们发明一系列的治疗药物，所以我离开了学术界，加入到孟山都（Monsanto）公司。孟山都可以为我们提供所需资源，去进行一些高深的分析。一夜之间，我变成了一支五百人团队的领导；而在学术界我则是孤军奋战，手下只有区区数个学生。我要学会与他人合作，在那些延续多年的项目的起起落落中，不断给他们注入活力和激情。不到两年，我们在COX-2研究方面获得了重大突破，研制了止痛药Celebrex，至今它还是市面上仅有的COX-2药物。

我遇到的最大的领导力挑战，就是当孟山都公司的首席执行官不顾瑟雷制药（Searle：孟山都制药部门）首席执行官的反对，安排我一同去管理瑟雷制药。

新官上任，万事火烧眉毛。但是我尽力与各级同事互相交流，保证每个人都理解公司愿景和他们所适合的岗位。我渐渐明白，有时需要将自己的看法放到一边，接受一些从基层提交上来的建议。就是这样，我打造出一支尽心竭力、不断学习和成长的团队。

我知道我给人一种令人生畏的感觉。我还是很难静心听别人把话讲完，不去打断。我一听到出现了问题，就迫不及待地提出大量疑问。我从来不在交际上浪费时间。但是，我尽量让大家都明白我是在与科学作对，而不是他们，这样他们就知道可以去接触我，可以与我有不同意见。

——瑟雷制药前首席科学家兼研发部门负责人菲尔·尼德尔曼（Phil Needleman）

梦想家优势

文艺复兴时期伟大的艺术家米开朗琪罗曾经说过："对大多数人而言，最大的危险不是将自己的目标定得太高却未达到，而是定得太低且只达到设定的标准。"这可能是高瞻远瞩的精英梦想家推崇的座右铭。

梦想家们视野广阔，志向高远。然后会想得更加广阔高远。常人从来不会考虑的一些可能性，他们却要问："为什么不能呢？"当别人说"绝不可能"时，他们会发散思维，在别人用减法和除法的地方，选择用加法和乘法。想入非非对于精英梦想家已经不算特别之事，那正是他们思维的运转方式；举手摘星也不是什么疯狂举措，那正是他们生存的意义所在。他们不喜欢拘束受限，不喜欢否认一切，也不喜欢诸如"不能"或"不可行"这样的字眼。

有些精英人士通过强行推动和坚持己见达到目的。精英梦想家则依靠自身感染力十足的热情让别人信服，影响他人，激励他人。他们崇尚事实，但是用来说服他人的主要工具却是单纯、有感染力的热情。有些时候，如果需要的话，他们会将事实稍微扭曲一点，帮助别人越过门槛。他们具备领

第四章

袖气度,具有丰富的想象力,他们口中源源不断地流出激情四射的比喻,挑动听众的神经,令人振奋。即使你不太情愿,却发现自己已尾随其后,踏入他们的冒险征程,口中还在喃喃地说,"真不敢相信我在做这样的事。"不管结果如何,你已经豁出去了。

精英梦想家生性好奇,喜欢集思广益——前提是别人提出的是"大建议"。荒谬?对他们可不会。过于冒险?相反,发明家、艺术家和勇敢的创业家中大部分都是精英梦想家。那些坚持按部就班地采用久经考验的正确方式的大公司,或是创新缓慢、只有在风险最低的时候才进行创新的机构,都不是他们的归属地。他们的乐园是那些刚刚起步的新生公司,或是那些走上迅速发展轨道的公司。

好奇心可能会害了普通人,但却可以赋予梦想家新的生命。他们的思想像美国大峡谷(Grand Canyon)一样广阔,在别人认为充满混乱和危险的地方,他们却总能看到潜在的回报。他们是天生的乐观派,愿意承担风险,会牢牢抓住每个时机,脑海中始终清楚地保持着自己的长远目标,小心翼翼地在危机重重的交叉口导航。一旦他们扬帆起航,就会保持积极心态,灵活可变,积极调整,不断突破极限,时刻捕捉机遇。动物界的精英也得益于这种高瞻远瞩的特质。电视《人类动物园》(The Human Zoo)中,德斯蒙德·莫里斯(Desmond Morris)对狒狒首领做出如下评述:"即使大家都在沿着一条既定路线高兴地前进,它也很有必要以某种方式改变一下路径,这样才能确保其他狒狒会感受到它的影响力。仅仅在出现错误的时候作为应对措施去改变路线是不够的。它必须按照自己的意志,自发地开始新的发展路线,否则别的狒狒会认为它软弱无用。"[1]

技能丰富的精英梦想家会将布满阴云的梦想和自己实现梦想的能力相结合。正如制药部前任研发负责人菲尔·尼德尔曼告诉我们的那样:"如果想让自己的人生与众不同,你既要会预知前进路上的曲折,还要能看到前方闪烁的启明星。"[2]他们知道如何挖掘组织内部的勇气,以获得实现自己梦想所需的支持和技能;如果系统想控制他们的速度,他们只会嗤之以鼻。"不能太快了,"谨慎的同事警告他们。"看,我搜集的一些资料表明……"太晚了!机敏聪明的梦想家已经上路,大步前行,留在身后一群着急的搜索队。如果他对现实的牢固掌握就像他的大胆想象力一样,你最好放下手中的图表,追上大部队。

梦想家经常被人看做夸夸其谈、草率鲁莽,但他们不会因为证据匮乏而受限。他们不需要知道某件事如何发生,却能在骨子里觉察到它会发生并一定要发生。他们正是别人评价的那种梦想家:"听起来他可能比较疯狂,但他确实有证实自己信念的勇气。"他们坚定不移地相信自己的直觉,这有助于督促他们在面对阻挠和机构惰性时仍继续前进;他们坚忍不拔的性格也会影响身边的人,激励他们去达到更高更远的目标。"谁能把球扔出100公里/小时的速度,我就会告诉他奖杯在哪里。"尼德尔曼说。

全面健康发展的梦想家在管理上的创新就像对自己方案的创新一样。他们会找出合适的方法,实现自己的独创目

第四章

标,在这一过程中往往会向传统观念发出挑战。那些不具备这种天赋的人——毕竟具备它的只是极少数人——最好还是放聪明一点,在自己身边布置一些能力较强、想法大胆的实用主义人士,来帮助评估自己提出的建议,实现自己的目标。在最佳状态下,梦想家会有神奇的第六感,能够挑选出最适合自己的搭档;他们机智聪明,观察入微,总是关注那些才华横溢但又和自己才能不同的人士,在走向胜利的道路上不断培养新生人才。已过世的比尔·金普顿(Bill Kimpton)先生就是梦想家中的典范,他创立的金普顿酒店集团是一家拥有数十亿美金的餐饮和酒店公司。在酒店不景气的一段时间内,比尔突然意识到自己不喜欢关注细枝末节的性格影响了公司运作。于是他聘请了汤姆·拉·图尔(Tom La Tour),一位极其善于管理细节的实干家精英。汤姆先是出任总裁,后又担任首席执行官,解放了比尔的精力,可以让他集中于自己擅长并陶醉其中的创造性梦想中。当年,公司旗下仅有两家酒店、一家餐厅,现在已拥有 43 家酒店、41 家餐厅,并获得了产业内无数荣誉。

凭借自己激情四射、超凡脱俗的性格魅力,健康的梦想家能集聚优秀人才到自己的团队中。当他们要求你像杂技演员那样跳过铁环经受严峻磨炼时,你还会问问"要我跳多高?"和他们走近一些能为你增添力量。但是不要扫他们的兴。如果试图阻止他们,你会很快从英雄变为狗熊。他们不会冲你大喊大叫;而只是对你视而不见,冷落你,将你赶出他们的圈子。这并不是因为他们性格残忍或冷酷;他们一般都挺讨人喜欢的,但也可以相当感情用事——事实上非常感情用事,以至于强烈地追逐着自己的梦想,不希望任何人打击自己。他们提防停滞不前,就像大部分人提防事情发生变故一样。

当事情发展不顺时,他们阳光的性格可能会立刻变得阴暗。但是他们知道如何调整,重新振作。不知不觉中,他们又鼓起干劲,精神抖擞,以全新的方式彻底思考了全局,做好准备,全力以赴新的目标。他们的能量和创新精力具有超强感染力,使得周围的人也希望能与其一同前行。那些加盟人员谈及梦想家领导时,总会和某个人评论菲尔·尼德尔曼时说的一样:"他对工作充满激情,致力于改变世界。能与他一起工作我非常荣幸,能成为他的同事则是一种荣耀。"

精英梦想家的问题

"如果你有梦想,你的楼阁已建在空中,不一定非要扼杀它,"亨利·戴维·梭罗(Henry David Thoreau)曾经说过。"那就是它应该存在的地方,你要做的是充实自己,打好基础"。最后一步恰恰是梦想家容易忘掉的地方。结果,同样是彼得·潘(Peter Pan)的那种让别人追随其后前往"永无岛"的性格(彼得·潘:迪斯尼电影《小飞侠》主角,性格特点为历险、快乐、领导、勇敢、迷人;永无岛:彼得·潘的家乡,一个凡人去不到的仙境。——译注)也会将其转为彩衣吹笛人,带领大家走下悬崖。同时具备领袖气质指挥官特性的狂热梦想家总是不乏热忱的追逐者。

表4—1说明同样是梦想家的特质,如何能带领人们摘

第四章

取欢欣胜利的桂冠,或是走向旷野巅峰的毁灭。下文中"关于精英梦想家的数据"列出了我们的调查所得来的数据。

表4—1 梦想家综合征:当优点变成缺陷

精英特质	对公司的价值	对公司潜在的风险
大胆革新,创新思维	提出别具一格的建议;看得很远;将想法转变成机会;带领公司向全新深远的方向发展	给人一种傲慢、顽固的感觉,过分固执己见;提出的建议过多,公司不能全部实施;在不能实现的目标上浪费太多时间
高瞻远瞩,洞察未来	意识到当前现实与未来愿景之间的差距;总能先人一步	过度关注将来,忽视目前和短期目标;无法把握企业的生存能力;无视计划和细节
快速复原,不知疲倦,强烈的使命感和目标感	激励团队去实现不可能的目标;提升意志不坚定员工的信心;为了达到目标可以做出个人牺牲	使公司过度延展和分散;不考虑实现梦想所需资源;不能将每个项目进行到底
热情洋溢,激情四射,精力充沛	推销自己的点子,在新的方向上创造大宗买入机会;吸引创新人士加盟公司;以愿景团结员工	扭曲事实,拉拢他人;沉迷于梦想;无视实用主义者;远离反对者;认为规则不适用于自己;逃避控制链
追求新奇和改变;生性好奇,集思广益	推动落实公司所需的改变,促进公司快速增长;为新生公司带来巨大价值	低估组织调整的价值;急于求成,没有足够支持就贸然行动;为了改变而改变;计划不周密,浪费资源
乐观向上,对未来充满信心	善于激励他人,愿意接受风险;不会被批评击垮;受到挫折后会继续努力	对他人隐瞒自己的疑虑;轻视阻挠和反对信息;不听取他人的反馈意见;不立足现实;报复那些怀疑自己观点的人

成也信心，败也信心

现实，正如一位喜剧家所言，只是观点的反映而已。在梦想家看来，只要胸怀绝妙主意，内心急切渴望实现，那它定会发生。在他们的世界中，时间可以无限延伸，资源永远用之不尽，负面风险则是虚幻神化。如果计划行得通，坚定不屈的信念是将其化为现实的巨大财富。而如果应用错误，将会导致灾难。

关于精英梦想家的数据

在我们的调查中，在梦想家优势维度得分高的人也倾向于在梦想家风险维度上获得高分；我们的调查对象中，优势维度的前25%中有一半在风险维度上也位于前25%。只有少数几个（2.4%）在优势维度居高，在风险中居低；极少几个（1.9%）在风险维度得分最高，优势维度得分最低。换句话说，如果你拥有梦想家丰富的想象力和极度的热情，恐怕你也会倾向于扭曲事实、进行堂吉诃德式的探索。

我们发现梦想家风险与易怒、缺乏耐心和争强好胜三元素之间没有过多联系；这与其他精英类型中高风险人群截然相反（附录B，表B—3）。我们同样发现，不管是优势还是风险维度，梦想家男性和女性之间差别不大（附录B，表B—2）。

当精打细算、小里小气的人认为梦想家的想法无以实现

第四章

时，健康的梦想家没有退缩，最后创造了大量财富。20 世纪 90 年代，迈克尔·莫里兹（Michael Moritz）和他的伙伴们看到了雅虎（Yahoo!）和贝宝（PayPal）等新兴公司的潜在机遇，其他人则都不看好。二人的高瞻远瞩将他们的合营公司红杉资本（Sequoia Capital）推至风险投资公司中的卓越地位。

1999 年夏，迈克尔遇到了两个理想主义的怪人：拉里·佩奇（Larry Page）和赛吉·布林（Sergey Brin），当时两人正在为他们新创的搜索引擎寻找资金。莫里兹看到了他们的与众不同，也感觉他们的产品让人耳目一新，于是就参与到这一项目中。由于网络经济狂热的顶峰期对此项目估价过高，其他风险投资商都选择躲避或离开。"别人认为我们失去了理智，"莫里兹回忆说。当佩奇和布林坚持由红杉资本和 KPCB（Kleiner Perkins Caufield and Buyers）联手投资时，莫里兹恢复了两个公司的长期投资合作关系。KPCB 是由约翰·多尔（John Doerr）创办的一家投资公司，和红杉资本是对手，最先投资亚马逊网上书店（Amazon.com）和其他几家新兴公司，结果这些公司一鸣惊人。不用说，其他的就是历史了。红杉给谷歌（Google）投资了 1,250 万美金，六年后它的股份已经升值为 43 亿美金。[3]

迈克尔告诉我们，他并不认为自己属于梦想家。"不管我做了什么贡献，都是由于我找到了能想出真正有趣点子的千里马，"他说。"我对潜在价值总是很敏感，也不会在乎未来是否与过去相似。我们曾创造了许多美好事物，也曾经历过噩梦般的失败。总要有人去推动火车前进，否则新风险或新思想更不容易站稳脚跟。"事实上，正是他的自我评价证明了他身上具备梦想家特质。正如他的全方位评估结果所示的，同事们对他的评价如下：

"他是大胆无畏、充满梦想的思想家。他也是非常尖锐、直线思考的思想家。打造真正伟大的公司需要梦想和信念，而麦克两者兼备。"

"麦克身上装了超视距雷达，能够洞察未来。尽管他的想法经常备受打击，但是他的创造性思维给我们创造了巨大价值。"

"即使公司业务非常复杂，他也能提炼出一个简明扼要的短句，概括描述这家新公司的状况。"

在网络经济崩溃的年代，迈克尔个人承担了红杉资本的损失。那同样是梦想家的标志：他们始终坚持自己的想法，并为此承担全部责任。健康的梦想家所拥有的特质应该是学会从挫折中总结经验。"麦克最近的损失帮助他进一步形成和提炼他的创造力，"红杉资本一位高级合伙人这样说。"他的创造力和勇气仍在，只是现在对投资更加谨慎，更加明智。"早期风险基金兴起于20世纪70年代硅谷繁盛时期，目前只有两家仍然活跃在业内前沿，红杉资本之所以能占据其中一席，迈克尔的那些特质便是一个原因。

然而，并非所有的梦想家都能如此平衡自制。擅长做什么而不知道如何做的梦想家向现实发起挑战，结果损失大量财富，企业遭遇惨败。梦想家特质与战略家特质兼备的精英，特别容易成为固执的梦想家，不能容忍他人对自己的思

第四章

想提出质疑。细枝末节让他们感到乏味。小心谨慎让他们坐立不安。杞人忧天的人让他们发疯。然而,他们却恰恰致使别人有点杞人忧天,使那些本来很现实、希望他们能取得成功的人变得沮丧绝望,为他们毫无顾忌的乐观感到焦躁不安。在组织生活的一张一弛中,梦想家越是扩展,实用家越会收缩;梦想家越是疯狂,实用家越是不安。自然而然地,摩擦力使精英三角中的黏合剂越来越结实,梦想家被那些小心谨慎的同事看作坏人,同事们则感觉自己像受害人,自己的未来掌握在那些铤而走险的人手中。为编导一部完整剧情,中间还会出现各路英雄豪杰,奔走安抚,促使双方退让折中。

满怀自信可能会成为一个突出美德,但是不健康的梦想家则滥用这一特质,去拦截流出去的所有疑虑。他们担心,如果自己流露出些许犹豫的迹象,部下可能就不会听从自己的领导,所以就死死锁住自己的任何疑虑,往往通过大张旗鼓地鼓励士气来掩盖疑虑。在某种程度上来说,他们是对的;大家确实可以在信心十足地领导身边重整士气,梦想家的信心也可以像北极磁性那样富有吸引力。然而,拒绝承认自己心有疑虑,使梦想家远离了一切有必要的反馈意见,其中既包括专家意见,也包括自己的直觉感触。错过了审视自己想法的机会,不能将这些想法变成坚定、实用的战略,这类梦想家被根基不稳的想法和愚勇的行为所害。

埃迪承认自己就是那样,只有兼备战略家特质的梦想家才会那样。受弗兰克·肖特(Frank Shorter)的激发,他也开始痴迷于跨州滑雪比赛和100公里超级马拉松那些挑战耐力极限的运动，因为弗兰克就曾是一个不起眼且不擅长运动的人，经过强化训练，1972年获得了马拉松冠军。在一定的运动强度上，埃迪的身体还是很适应这些活动的。接着他就开始被梦想家异想天开的思维方式冲昏了头。他甚至报名参加一些自己都没有时间训练的项目。没时间训练，他就提出"在场训练"的概念，就是把比赛的前一半当成是后一半的训练。作为医生，他知道这些运动不允许任何恢复时间，疲惫感一旦出现，他的肌肉就不能再做更多工作。但是他说服自己，意志力可以消除这些问题。由于盲目乐观，他参加了50公里滑雪滑冰赛，里面包括一些他从未学过的技巧。最初的三公里内一切顺利，接下来，在他仅仅了解一点皮毛的技术阶段中未能如愿以偿，手忙脚乱，浑身疲惫。他最终完成了比赛，接下来几天就慢慢疗伤。这种类似过程重复上演了几次，然后他就报名参加100公里超级马拉松比赛。他完成了比赛，但是承受了9处应力性骨折！

　　黄粱美梦自欺欺人不说，更重要的是他给别人也造成一定影响。他劝服朋友，说他们都可以进行"在场训练"，结果总是过大于功。比如，他说服一对从未骑车超过20英里的夫妇参加一项200英里自行车比赛。结果他们的盆骨严重麻木，以至于好几周都不能进行夫妻生活，从那以后再也不碰自行车。

　　后来埃迪才意识到自己的判断力多么具有误导性，他说："我曾经傲慢自大，自己编造了一种战略，给自己的急躁找到了理由，美其名曰'在场训练'，其实我应该叫它我做过

第四章

的最蠢的事。"那正是梦想家们把自身能力变成负累时所做的事情：他们具有狂妄自大的致命缺点。

监督与制衡

梦想家大都觉得细节让人心烦，计划枯燥无味。他们能绝妙英明地应对某种事件，但往往没有足够的耐心去进行必要的准备。就其本身而言，加快速度并非一定有错。不过，一旦精英人士不去倾听那些能够结合时间、资源和风险来实现他们理想的建议，问题就会出现。对于梦想家而言，"小心一点噢"听起来就像"不要做了"，"再等一下，资金到位再做吧"在他们听来就意味着"放弃这愚蠢的想法吧"。如果你针对可行性提出问题，他们会把你当成带来厄运的扫把星。对他们的乐观提出质疑，那你肯定是胆小鬼或者偏执狂。

许多梦想家觉得不同意见着实让人讨厌，却不把它们当成原材料，拿来把自己的梦想精雕细琢，使其成为可行计划。在所有精英类型中，梦想家通常是最受人喜欢的一类，即便如此，当他们感觉有必要在自己的位置上安置一名挑战者时，也会变得相当过分，经常会从内部圈子开始去除任何持不同意见的人。倒不是说他们需要马屁精或是老好人，而是因为他们希望周围的人都能煽风点火、拥护自己的观点。结果，他们渐渐孤立。当他意识到当初自己不予理睬的劝告并不是"放弃这个念头"，而是"我们研究一下如何把你的理想变成现实"时，为时晚矣。

健康的精英人士对这一致命弱点非常敏感，也会明智地采取一些措施避免。"我的最大风险在于没有耐心听完别人的发言,总是忍不住要打断。"菲尔·尼德尔曼说。"一听到别人提出质疑,我心里立刻就盘算出解决方案。这不能产生积极的上升螺旋。你得让别人告诉你他们不同意,为什么不同意。"

捷蓝航空公司(JetBlue Airways Corporation)首席执行官及创始人戴维·尼尔曼(David Neeleman),同样也是一位梦想家。除了姓氏相似以外,他与菲尔·尼德尔曼还有许多共同之处。他公开承认自己患有注意力缺失障碍(Attention Deficit Disorder,ADD)。倘若 ADD 在他们的读书时代已经比较流行的话,那么大部分成功的精英领导者——尤其是梦想家人士——都会盖上此症候的烙印。他们那种如饥似渴、星火燎原似的想象力推动他们频繁变换想法,就像蜜蜂在花园中不断跳窜吸吮蜜汁一样。有一个永动机一样的脑子也是一种挑战。"我就没有停止过思考,"戴维说。"大脑根本关不上。我总是急躁不安,不断寻找下一步要做的事。"他的思维过于活跃,一刻不停,甚至都不会歇一会儿去庆祝自己取得的成绩:"我出售了自己的软件公司时,得到了 2 千万美金的收入,我都没有带妻子去吃顿晚餐。我一分钟都不能停歇。"

但是,如果掌控合理,同样的性格也可以成为一种天赋。由于尼尔曼充分了解自己梦想家特质所具备的优势和风险,他在自己周围布置了许多能补充自己优势、弥补自身不足的人。"有时候我觉得周围太多人都患有'注意力过多障碍'

第四章

（attention *surplus* disorder），"他告诉我们说。尽管有这样的人在身边有时会让人感到麻烦，但他知道这些人不可或缺。"我总是想，'不要担心，做就是了。'而他们会要求检验一下是否可行。但是公司同时需要这两种人。我的优势不在于贯彻落实这些主意，而在于提出建议，激励大家参与其中。"

尼尔曼开玩笑说，"需要三个人才能与我平衡。"他说，捷蓝航空有四位运营长官：他本人、总裁兼首席运营官，法律和财务执行副总裁，以及首席财务官。"这就强制要求我遵守规矩，不会贸然采取行动。我知道，我需要反复分析自己的建议，然后以极其具有说服力的方式向他们提出来，才能促使他们全力以赴。"

梦想家如何制造精英三角

和戴维·尼尔曼不同，不健康的精英梦想家排斥现实主义者，更喜欢在身边安置一些能满足自己"创新瘾"的人。结果，他们就制造了精英三角，自己在其中要么扮演坏人，要么是受害人或英雄，取决于人们的不同观点。现实主义者视他们为坏人，认为他们为整个系统加载了太多半熟建议和烂尾项目。同时，梦想家们自身又颇有委屈，觉得自己被想象力贫乏的同仁或者只重视个人见解的对手束缚在可测无趣、简易可行的项目中。他们总是在受害人和英雄之间转换角色，胸怀大志，希望打破限制公司发展的枷锁，使其恢复自由。此举将扭转败局，还是会走向灭亡？这主要取决于该梦想家是否接受现实的考验。还取决于其他高管的领导力。最常见的情况是：热情洋溢的梦想家使整个管理团队两极分化，信任者联合维护这一宏图，反对者则对面列阵。结果就是一摊淤泥。

有一位梦想家，我们姑且称其为查尔斯（Charles）。查尔斯的导师是一家大型消费品公司的首席执行官，他聘请了查尔斯来领导公司的研发部门。查尔斯倾心投入，打造了良好的开端，在带领公司沿着大胆全新的方向发展的念头鼓舞下，兴奋不已。不久，他宣布了一项雄心勃勃的计划，决定以新技术重新预测公司的未来。首席执行官满心欢喜，非常得意；查尔斯的手下也打起精神，从迷茫中清醒过来，纷纷加盟，冲向新的愿景。

但并非所有人都感到开心。主管营销的高级副总裁马弗（Marv），是一位精英指挥官，从大学毕业就在这里奉献着青春。他具有卓越的激励措施，拥有骄人的业绩记录，自认为现任首席执行官过几年退休后，自己会是下届的理想人选。现在这些预期都被粉碎了；他认为首席执行官会推举查尔斯担任此职。他也不同意查尔斯为拯救公司的低迷状态而提出的愿景。在他的意识中，通过科学研究开发新产品属于资源浪费。提升一种销量很好的家用清洁器的质量不需要花费研制火箭那么高的费用。他希望能将资金投入到一项活泼生动、创意十足的营销战役中。

马弗害怕对手在首席执行官那里有过分的影响，便开始为自己树立一个人物形象：马基雅维利（Niccolo Machiavelli；

第四章

意大利政治家,《君王论》作者,主张人性本恶,一旦统治者把人民当成善良者便会引来灾祸,其理论经过后人多方引申,他的名字也就成为最高层次政治诈术的代名词。——译注)。他发起了一场具有双重意义的战役:从政治角度把自己放在首席执行官继任人的位置上,同时破坏查尔斯的计划。他将研发部门从战略规划会议中分离出去,对只要是可能给查尔斯带来权力的信息,一概保密。

查尔斯很快得知了这一消息。尽管梦想家一向不太顾及公司内部的尔虞我诈,然而一旦自己的梦想受到攻击,他们可以成为真正的恺撒。查尔斯下定决心保护自己的理想,并认为这也是与公司利益相一致的。于是全面准备,不惜采取一切手段,确保研发部门不会落后于市场部门。他给自己定位的人物形象是司令官。

接下来的两年内,这两位精英男性,每人负责运营同一家公司的一个必要部门,却像两个敌对的首领。员工会议上,他们避免互相交涉。不得不交流时,他们的对话简单直接。你一锤我一锤的回合中,两个部门之间的协作渐渐消失。

当然,他们都认为自己是对方的受害者。这里面也不乏英雄。马弗和查尔斯在自己的部门内部都扮演着英雄的角色,还有很多同事企图寻求和平,促使两个对手能协同工作。但是,两人都不肯做出半点让步。

公司请来凯特,请她协调出解决方案。凯特让查尔斯和马弗承诺:两人同处一室,哪怕彻夜不眠,也要等问题解决了才能出去。渐渐地，误解消除，前嫌尽释。马弗还了解到，查尔斯根本无意争夺首席执行官职位；他钟情于研发事业，而且也认为自己不适合负责综合管理。更重要的是，两人意识到如果不加强合作，个人目标都无法达成。他们开始联合召开战略规划会议，同意将现有资金在两个团队之间进行分配。慢慢地，他们开始信任对方。

在查尔斯研发团队的带领下，公司推出了一系列新产品；得益于马弗销售团队精心设计的卓越的营销活动，这些产品在市场上获得了良好销路。但是具有讽刺意味的是：最终两人谁也没有登上首席执行官的宝座。查尔斯继续担任公司总部研发总负责人；而马弗意识到与查尔斯残酷的竞争使自己丧失了高层的信任，也离开了公司。

保密的秘密

许多梦想家很早就意识到，萌芽时期的观点很难让别人接受。所以，与其迎面应对那些不可避免的反对，不如选择暗地先行，挑选几位同事进行实验并试运行。这种秘密操作主要有三个目的：避免项目尚未起步就被否决；关起门来，寻找计划中可能存在的缺陷；避开那些可能会减缓他们步伐的人，获得动力。这一战略当然可以提升创造性，但同样也会分散精力和资源，搞得整个氛围过于神秘。

梦想家还会采取其他方式绕过组织内部的障碍。他们会背着大家，忽略所有程序，在整个控制链上下搜索，将自己的建议提交给自认为能提供最好帮助的任何管理层。凯特

第四章

第一份企业管理工作是在一家生产营养保健品的大型公司——嘉康利(Shaklee)。凯特对公司使命十分热心,于是想到要制作一套客户录像。录像在1979年还算是新技术,凯特因此兴奋不已,连续三个月每逢周末都忙于准备和编排材料、利用可获得的研究数据预测销售,并且制作出了一套成熟的商业计划。经理的回复却相当冷淡:主意不错,但是他不会全力支持。

本来应该就此了之。但是凯特,一位有理想的精英女性,直接跨过了自己的老板,以及老板的老板,将建议递交到高级副总裁们手中。可以理解,她的上司因为自己的权威受到诋毁气愤不已。破坏了与自己所尊敬的人之间的关系,让凯特痛苦不堪。

还有一点让她非常烦闷:高级副总裁决定在18个月之内重新考虑她的建议。对于毫无耐性的精英人士来说,那简直就意味着无限期。三个月之后,凯特离开这家公司,到另一家公司谋求机遇。最终,嘉康利推广了一套录像带,连包装都完全按照凯特提出的模型制定。这是该公司新产品推广中最成功的一笔,但是却失去了它本来能拥有的规模,因为:凯特最初提出建议时,减肥中心(WeightWatchers)还名不见经传,后来却渐渐成长为一个强劲的竞争对手,并提早六个月推出了一种类似的产品。这一事件给了凯特一个至关重要的教训,也是所有梦想家都应学习的教训:首先,不要过于坚持你对现实的看法,以至于忘记了规则。其次,如果没有别人的大宗买进,即使是突破性观点也什么都算不上。

如果她与销售培训部门进行了协调,可能项目就能更早获得通过。相反,她跌倒在梦想家的致命缺点面前:她过分热衷于自己的梦想,不能容忍接受别人的观点,害怕稀释了自己的梦想。

扭曲事实

穿行在布满了地雷障碍的小道上,即使是遵循较高的道德标准的梦想家偶尔也会扭曲事实。在他们看来,这么做的目的只是为了保护尚不成熟的思想。这些思想现在像萌芽一样弱不禁风,可是一旦成熟,就算不能救助整个世界,也会对公司非常有利。然而,他们这种口是心非带来很多问题,其中一点就是时间和精力的误用。梦想家们不会慎重评估,也不会请求大家给予回复,而是竭尽全力推销自己的计划。有时他们把事实扭曲得太厉害了,愚弄了他们自己及其他所有人。最终,要么就是真相完全暴露,这位梦想家非常狼狈,地位全失;要么就是大家对此疑虑重重,导致他的影响力骤降。

KLA-Tencor公司的首席技术官兼执行副总裁兰斯·科拉瑟(Lance Classer),就是一个经典的例子。他是一个真正的梦想家,拥有超人的科学见解,为半导体技术带来了多项突破。然而,在麻省理工学院获得的博士学位并没有教会他如何在办公室里获取他人的支持。他急于说服大家,每逢出现阻碍,他总是对每个人讲一些自认为这个人爱听的话。时间一长,同事们开始有些怀疑:如果不是出于个人野心,他为

第四章

什么会更改自己的故事来迎取听众的欢心呢？事实上，谋求事业发展是兰斯脑中最少想到的事情。他之所以这么做，是因为强烈希望自己能做成那些正确的事情。他只是不知道有什么更好的途径去获得大家的支持而已。由于没有应有的坦诚，他失去了很多人的信任，而这些人正是他最需要的。

兰斯正面处理了这一问题。在一个非工作场合，他请各位同仁给他直接的反馈意见。之后，他又与自己的团队分享了所获信息，并宣布他决定学习更加直接的影响力技能，那样他就不仅能使别人接受自己的观点，还能获得别人的有益思想，同时赢得他人的信任。

虎头蛇尾不算干得漂亮

走进生活的自助餐厅，梦想家们就像饿极了的游客，眼大肚子小。他们很容易被"下一个大玩意儿"所吸引，操作起来总是倾向于浅尝辄止，没完没了地推出新项目，总是处于忙乱的开端中。结果，身后留下一堆未完成的事项，乱七八糟，也引来别人不信任的目光。

肾上腺带到哪就往哪冲，自己手中玩的其他球却在身后一头坠地，延展过广的梦想家使人们看不到公司的焦点。大家要同时向多个方向奔跑，资源也四下分散，几乎到了崩溃的边缘。并不是说混乱就绝对是坏事；它可以成为重大创意的熔炉。但是如果走得太远，拖得太久，它会把整个公司变成一个在泥泞中盲目前行的车轮，毫无目标。

与梦想家接触时有一点最让人感到受挫：他们非常聪

明，完全可以做得更好。如果能将自己的聪明才智完全放在其中，他们可以成为伟大的策略家。他们就是不愿费心。制订计划、贯彻落实，一点都激发不了他们的兴趣。他们认为：如果自己制订了周密的实施计划，别人都能知道怎么去落实，如果他们提出了十个伟大的蓝图，甚至一百个，别人也都可以去实现。2004年8月刊的《首席财务官》(CFO)杂志提出了这样一个问题：为什么好计划却走向了坏结局？[4]文章结尾总结道："问题在于，大部分的制订计划者都没有认真去想可能出现的错误，就将自己的想法付诸行动了。"这一评论来自于里克·芬斯顿(Rick Funston)，德勤(Deloitte)会计师事务所监管部门的国家惯例负责人。他一针见血地指出了梦想家两面性困境的关键点："高管们有种自然倾向，往往很关注计划的正面因素，却对风险轻描淡写。就像说，'我们这周末去爬珠穆朗玛峰吧，会非常有趣的，'而不停下想想爬山的潜在风险可能会使他们丧命。"[5]

精英女性梦想家

我们的研究发现，梦想家中男性和女性之间差别不大。在这些年的亲身观察中，我们同样很少看到由性别原因引起的非常明显的差异。貌似女性梦想家和男性一样，喜欢抓住深远的想法并向前推动，似乎那是自芯片发明以来最大的发现。她们也会一样富有灵感，一样挑战现实，一样易于带领人们走向悬崖，当别人不能领会她们的思想时，也一样会毫无耐心，茕茕孑立。

第四章

但是，我们也发现了一个重大区别，这个区别与我们在其他地方详细叙述的性别间的差距是一致的：在处理他人的反对意见时，女性梦想家采取的方法通常和男性采取的不同。据我们观察，比起女性而言，精英男性通常更容易感到受挫、横冲直撞、大发雷霆（当然，这只是一种概论；个别女性可能会比男性更容易动怒，缺乏耐心）。女性梦想家通常会以比较合作的方式处理他人的不同意见，与别人分享自己的观点，将他们最有价值的意见采纳到自己的目标中。

如果梅格·惠特曼曾经认为自己的观点才是唯一有价值的观点——这是许多高层管理人员中的精英男性梦想家容易犯的错误——易贝不可能在公司内部建立一种团体感及民主感，而这种氛围在公司成功中起了非常重要的作用。"她知道她必须要建立易贝的品牌，"劳伦·福克斯（Loren Fox）在一篇描写梅格建立公司初期故事的文章中写道。"但是她也听取拍卖网站成立人的建议，并与他们积极商讨。她的风格——与人合作但又果敢决断，严肃却又轻松——奠定了公司的基调。"[6]

正如我们看到的那样，健康的男性梦想家也具备这样的品质，只不过在女性中更普遍一些罢了。

梦想家工具

如果你是一位精英梦想家，你的最大挑战是要保证脚跟稳站在地面上，再竭尽全力去摘取远方的繁星。为了帮助自己牢牢钉在地面，你最好向内部和外部人士寻求帮助。

在周围布置合适的人员

对于不健康的精英梦想家,意愿和影响之间的差距可能会相去甚远。对于可能发生的情况,他们嗅觉灵敏;而对于实现梦想需要怎么做,他们却毫无概念——也不喜欢听。要克服这一困难,第一步就是认识它;第二步则是在自己身边布置一些能不时拉动工作的同事。罗德里克·M.克雷默(Roderick M. Kramer),斯坦福大学组织行为学教授,在《哈佛商业评论》上发表的一篇文章中讲到:"能有一个服从你的命令、拥护你的思想且能给予建议的团队固然是好的。但是还需要有人在大家走向深渊时提醒你。"他补充说,那些"极其容易鲁莽和荒谬"的领导,"通常也极其擅长打造一个充分反映自己的乐观主义和勇往直前的组织。对于这类领导而言,能有一个人敢于站出来说话,对情形做出诚恳分析至关重要。"[7]

我们已经提及了一些杰出的团队,团队中其他类型的精英是梦想家精英的完美补充。可能最广为人知的是比尔·盖茨(Bill Gates)和史蒂夫·鲍尔默(Steve Ballmer)这对动力组合。虽然我们从未给这对组合做过培训,但我们曾深入了解过他们团队中的高管,也在这些高管身上花费了很多时间,我们相信盖茨应该属于精英梦想家(还有谁能说,"知识产权的生命周期和香蕉的差不多"?[8]),鲍尔默则是精英指挥官。两种不同风格间自然的管制和平衡打造了微软成功的历史。

这也很可能会成为公司未来的关键。当盖茨宣布鲍尔

第四章

默任首席执行官的时候,他曾经说,这一举措是为了使自己获得解放,能集中精力去开发新的软件。他最近的主意可能会给电子器件领域带来革命性的影响。正如《财富》杂志的布伦特·施伦德(Brent Schlender)描述的那样,微软的"长角牛"(Longhorn)项目设想将所有的电子器件相连,包括手机、电脑,乃至家庭娱乐中心,"通过软件的相互配合,可以将整个互联网和连接其上的所有器件连接成统一、可程序化的整体。"[9] 盖茨怀揣着远大的理想,鲍尔默则发挥着自己指挥官领袖的风格及精英实干家的技能。"简单地说",施伦德说,"他的职责是重新设计微软,"通过把他"狂热的团队精神"和"强行实施命令的坚定意志"注入这支团队,"使其成为一艘能够到达月球的飞船。"

如果你是一位精英梦想家,你自己思想之外最大的资产就是那些聚集在你身边的人。找一些可靠的朋友,他们应该具有卓识远见,可以赞许地接受你远大的理想;但是也要足够客观,能够觉察到其中的问题;还要具有足够自信,能够提出自己的顾虑;又要足够专业,可以制订计划,帮助你实现梦想。寻找一些风格各异、经历丰富、知识渊博的人。有些精英梦想家能够获胜,有些则半途而废,重要原因之一是看他们能否与持不同见解的顾问有效地合作。梦想家的哪些点子应该执行?哪些应该被抛弃?哪些应该合并、修订或提炼成可操作的计划?哪些可以列入试验或试行项目?这些决定最好和大家协力作出,让观点各异的人公开交流。这种团队活动要求具有耐心和倾听技巧,而这些正是精英梦想家容易缺少的；他们宁可慷慨激昂地演讲，然后走向落日，身后是怒喊的人群。但是如果你希望身后有人支持，最好还是调整自己的受挫恒温计，耐心和大家沟通以获取支持。

进行调整可能也需要学习新的影响力技巧。不能仅靠单纯的精力旺盛和乐观主义获得别人的支持，要学会了解别人的思考方式，向他们提供事实、数据、逻辑推理和任何其他能说服他们放弃投反对票的东西。总的来说，你会发现直截了当、完全透明比扭曲事实效果更好。

不要再拒绝接受别人的"拒绝"。梦想家们喜爱那些能够支持他们观点的数据，但是对于反面事实的态度就像创世论者对待达尔文一样。其实研究对手的观点和数据可以获得很多知识。不要问"我怎样才能摆脱他们啊？"，问问"我能从他们那里学到什么？"，还有"我怎样能将这种新信息融入自己的想法中？"如果只寻求支持自己观点的信息，其实是自欺欺人。试着把不喜欢的信息当成建立自己思想的基础。有意思的是，这正是将那些自寻烦恼的人抛在你身后的好办法：一旦有人听取他们的意见，这些老爱唱反调的人就放松了。接下来，他们可以敞开大门，接受你最大胆的想法。

微调一下你的直觉

和艺术家一样，梦想家通常有很准的直觉。这种天赋使他们能准确地看到未来，那是单凭事实和理性得不出的。问题是，洞察力和想象力如波涛一样，一浪一浪推向他们的脑海，他们很难从中萃取其精华。下面的练习"踏入未来"，是

第四章

将直觉和理性相结合的有力工具，借此你可以找出最有可能成功的那些选择。

踏入未来

第一步：选择一个时间点，可以是近期内的一天，也可以是多年后的某天。用年月日表示出那一天。

第二步：设定房间中的某处为所选日期的地点。

第三步：有目的地走向代表未来地点的那个位置，感觉自己在时间和空间上都在前行。

第四步：站在那个位置。全面设想现在和未来日期之间的日子会是怎样。

第五步：依次回答以下问题。用录音设备录下你的回答，或是在纸上写下来，描述一下涌上心头的任何及所有感想，不管是视觉上的、感觉上的，抑或是听觉上的。不要审查自己的结果，答案没有正确与否。如果觉得自己卡住了，就靠自己的想象力凭直觉编出一个答案。

- 你在哪里？
- 你在做什么？
- 你感觉到什么？
- 你为了取得成功做了些什么？
- 你感觉哪些贡献或影响最好？
- 哪些事情比你想象的难？
- 你可能预测到哪些问题，做了何种计划？
- 哪些事情比你想象的容易？

- 哪些变故让你感到惊奇？
- 从什么时候开始事情真正有了起色？

第六步：回到你原来的位置——代表现在时间点的位置。反思一下浮现出来的直觉信息。你如何解读这些信息？

第七步：未来出现的哪种想法你最想进一步探索？选择一个可能会给你的成功带来较大影响的想法。在未来可能出现的最好情况中，你希望发生什么？

第八步：想一下计划采取的措施。写到纸上或用录音设备录下来，具体说明你采取这些措施的时间。

第九步：你是否留意到身边可能会有些阻碍？向自己发问，发掘这一问题：

- 哪种顾虑似曾相识？
- 这些顾虑如何反应了你先前的行为类型？
- 这些顾虑与你通常在精英三角中扮演的角色有什么样的关系？

第十步：暂时承认并接受你的拒绝代表了一种过时的行为类型。然后，回到代表你未来的位置，再次确认自己关于这一具体目标或行动的崇高目的。

如何与精英梦想家共事

人们对于精英梦想家有不同的反应。有些人会立刻被他们的远大理想所激励，急切地跟随他们的脚步，却不停下来评估一下计划是否可行。有些人则一眼看到了其中的不

第四章

足和障碍。后一种人中，还会分两种类型：一部分立刻提出其中弊病，指出理想与现实之间的巨大缺口；另一部分则将这些顾虑埋在心间，或因为不敢说出开始窃窃私语。当精英梦想家展示了精英们的常见风险，如傲慢、好战和争强好胜等，这种不敢面对的反应更为常见。不管你属于哪个阵营，下面的建议可以帮助你更好地应对精英梦想家人士。

放松自己，发散思维

试着去以精英梦想家的眼界看问题。他的建议中有什么可取之处？为什么有可行性呢？如果确实可行，状况会怎么样呢？如果你意识到其中缺乏细节，你可以自己添加上去。任自己的想象力随意驰骋可以解放自己静止的眼界。如果你的眼界一直过低，提高一些可能会燃起你的激情和理想。不要害怕在云雾中迷失了方向；一旦你能站在梦想家的前锋阵地观看风景，你就能更好地评估潜在风险。

用梦想家的方式说话

要让他知道你理解他的理想，并深受鼓舞。不要装出一腔热忱，他会一眼识破。只要用不同的语言重复同样的信息即可："听起来你似乎在想……""如果我理解得正确的话，你的目标是……"一旦你确认自己听得没错，问一些辨析性的问题，充实他的思想。但是要小心，否则他会觉得你是在想办法找碴。

如果你发现了他的目标中存在的缺点和漏洞，尽量以

"寻求解决方案的态度"而不是"寻求问题的态度"来对待。说说如何去实现他的梦想。你不需要刻意压制你的疑虑；但是要让他知道你是站在他的一边的。换句话说，不要说，"听起来好像太贵了"而是说，"我们需要想办法降低成本。"不要说"我们的客户不会同意的"而要说，"我们应该组织几次核心组讨论会，获取客户的支持。"如果建议根本不可行怎么办呢？继续提一些要想成功实现计划需要采取的措施，用事实、数据、专家观点和完美的逻辑支持你的分析，始终将焦点集中在发掘潜在解决方案上。

控制梦想家能量

用时间、金钱、执行战略和其他生活事实奠定梦想家的灵感基础，提升价值。召开头脑风暴会议，为实现梦想制订可行的计划。修订他的建议，并加以调整，然后在此基础上开展项目。想办法控制他涌出主意的速度。让他感到你是合作伙伴，而非敌对人士——一起实现梦想的伙伴，而不是扼杀梦想的肇事者。如果他将你视为同盟，他会非常欢迎现实性的支持。

与精英梦想家有效合作需要采取平衡措施：你既要明智敏感，又不能冷嘲热讽；既要开诚布公，又不能轻信被愚。如果你能紧紧抓住精英梦想家的魔毯，又能保持自己一贯的行为方式，那么你就可以踏上惊险刺激的旅程。

在下一章，我们将研究一种不同的精英类型：有条不紊、井然有序、专注数据的战略家精英。

第四章

行动步骤

如果你是精英梦想家：

- 在身边布置一些擅长执行的人才。
- 关注那些能发现潜在问题并制订计划实现你的目标的现实主义人士。
- 与那些持有不同观点和见解的人进行创造性的交流，而不是力量碰撞。
- 耐心开展工作，以获取他人支持；利用事实和逻辑，而不仅仅是领袖魅力。
- 从你碰到的障碍中学习。
- 争取同盟，直接、坦率、透明。
- 接受时间和资源的限制，不要过分调配。
- 抛弃那些非关键因素，自己不能完成的事情要向他人授权。

如果你与精英梦想家共事：

- 要让梦想家知道你理解他的目标，并深受鼓舞。
- 开放自己的思维；表现出好奇心而非冷嘲热讽。
- 寻找是否有可行性，不要只是找弊病和风险。
- 总结他们的话，提出一些确认性的问题。
- 告诉他们实现目标需要什么。
- 让他们知道你希望帮助他们实现梦想。
- 运用事实和数据告诉他们获取成功需要的因素。

- 如果你不能和他们合作，确保他们和那些能帮助实现梦想的同事合作。
- 让他们释放部分精力、乐观和想象力。

第五章　精英战略家

——*固执地自以为无所不知的分析天才*

年轻时候，我认识到如果想对某些事情进行改进，就必须收集各种事实，弄清楚各种相关数据。孩提时代，我已开始运用概括思维，尽量把事情放在一起考虑。五年级的时候，我组织成立了社区橄榄球队——从教练到资金筹集，从比赛装备到日程安排，都由我负责——从那以后，我的学生时代、法律事务生涯，以及27年的职业棒球队管理工作，我一直都是这样。

人们应该弄明白事情的基本要素、基本事实，这样才能做出正确的判断，语言的精确度不高，也是靠不住的。所以我常常重新检查数据，以确保我们未偏离轨道。当然，这样做的问题是，人们会厌烦无休止地核对原始事实，但是记忆的确会随着时间的流

第五章

逝变得模糊，而我们必须肯仍然在按照最基础的事实行事。

过去当别人弄错了事实，或是说了我不赞同的话时，我有时反应太过强烈。有些人可能因此认为我不想听取他们的意见。但是，我明白，了解同事的真实想法非常重要。正是坚持从不同方面吸收信息并与同事建立必要的联系，我才能不断取得事业上的成功。所以我学会了缓和自己的反应。我仍然会愁眉不展，但我学会了让人们感到我并不是针对他们个人。不过，有时候我也不能把所有必要的事实都搞清楚以做出正确的决定，这也让我备感挫败。

——波士顿红袜队总裁兼首席执行官　拉里·鲁奇诺

战略家优势

你知道那些在学校里被叫做"天才"的孩子吗？就是那些在辩论赛中总是把手举在空中挥舞，用犀利的语言把对手撕碎的家伙？他们中有的人长大后就会成为精英战略家。精英都很聪明，但聪明又各有侧重。精英指挥官知道如何让人做事，精英梦想家能够预见到别人想不到的可能性，精英实干家善于执行任务。而精英战略家会制订出色的计划，推动突破创新，赚得更多利润，让股东们乐开了花。如果你需要一个缜密的计划以实现某种商业模式，那就一定要确保你的团队中有一位精英战略家。

战略家拥有清醒的头脑和机敏的判断能力，擅长评估复杂形势。他们能迅速分析各种信息的结合方式,从而将其目标建立于事实之上,并采取合适的行动,以实现预期结果。战略家们分析客观、善于解析、有条不紊,智慧可以让他们轻易地从前提得出结论,就像是芭蕾领舞者,轻盈地在舞台穿梭,全场观众都为之倾倒。他们思维深刻,能够主动分析问题,目光不囿于眼前,能找到问题的潜在联系和逻辑。他们思维超前,能想到别人还只是模模糊糊看到的未来。如果状态极佳,则既善于创造性工作,又能保持清醒的头脑,并且常常能一举数得,一次解决多个问题,甚至包括那些可能还未真正出现的问题。他们能够总揽全局,发现可能出问题的地方,并且填补空白。

健康、全面的精英战略家所拥有的人际技巧跟他们的分析才能不相上下。他们善于获得别人的支持,所以他们能综合大家的讨论,提出有针对性的问题,并且调动团队资源,得出最佳结论。乔治·阮(George Nguyen)就是这样一个战略家,他是伊顿公司重载轻型卡车业务及中国卡车业务(Eaton Heavy Duty Light Trucking and China Truck)的总裁。"他是一个非凡的推动者,"一位同事如此评价乔治。"乔治也许有一些强硬观点,但他会仔细听取我们的意见,并对每个人的观点都表现出由衷的兴趣。他会挑战别人的思想,但不会让他们泄气,而是激发出他们的最佳观点,整合起来,找到最好方法。"[1]

我们的另一位精英客户从同事们那里得到的绰号是:数据王。这个称呼恰如其分地点明了战略家的优点。炼金术

第五章

士能找到正确的原料成分炼出黄金,而战略家则能综合各种不同的事实、观点和印象,指明具有决定意义的前进方向。为了得出正确结论,他们能够利用任何有用的信息。这些品质使得他们成为精英梦想家的最佳拍档。他们的合作也可能变成奇怪的配对,因为战略家有时候会抑制梦想家的自由天性。战略家可以为一份数据报表激动万分,但如果他也能为梦想家的一个新奇的想法而同样激动的话,你就拥有了无可匹敌的团队组合——特别是当这两种品质集于一身时,就像波士顿红袜队的总裁兼首席执行官拉里·鲁奇诺一样。"拉里思路开阔,具有敏锐的战略洞察力,"和鲁奇诺搭档的一位球队官员说,"他拥有罕见的管理能力,既能总揽全局,又能把握那些重要的细节。"

当然,数据王所统治的任何领域都潜藏着风险。在这里,风险主要是基于这样的事实:精英男性战略家对于数据往往运用自如,但人际关系往往处理不好。

精英战略家的问题

伊顿公司是一家产品多样的设备技术公司,当乔治·阮受命担任该公司重载轻型卡车及中国卡车业务总裁时,他的口号就是要推动变革、促进成长。生产卡车传动装置的技术时有变迁;公司的供应链也需要重组;走向国际市场、特别是亚洲市场显得尤为重要。从很多方面来看,这项使命就是为乔治度身定做的。在他从前所在的公司,他也曾遇到过类似的挑战。作为一名越南裔美国人,他在公

158

司的亚洲发展战略中注入了独特的文化洞察力；作为一位精英战略家，他可以一针见血地看清需要采取的措施以及具体如何实施。下面这些有关他全方位访谈的评论就证明了他的战略家力量：

"乔治来之前，我们就商讨过如何成长壮大的问题，但乔治指出了我们所未发现的机遇，并迅速制订了有效的行动战略。他接受了巨大的商业挑战，并取得了巨大成功，远远超出人们的预期。"

"乔治能够很快掌握理念和信息，并引导大家解决战略性问题。他的紧迫感推动我们取得成功。"

"乔治在战略制订方面拥有杰出才能。他承担风险，推动发展，并能找到支持自己创意的各种资源。"

但乔治的工作方式中有一个缺点，而且这个缺点由于伊顿的公司文化而更加恶化。伊顿是一家来自美国中西部的公司，一切都以美国为中心，公司员工大多数都是长期雇员，他们认为自己一直都是"伊顿大家庭"的一部分。但新的发展方向让他们很紧张，他们的发展途径还是固守老本行，只是要做得更好。乔治的计划并没有考虑到董事会成员希望得到稳定市场地位和长期联盟的需要——精英战略家冒险风格更让他忽视了这一点。同样是在全方位访谈中，也有这样的批评：

"当我跟他（指乔治）交谈的时候，我有这样一种

第五章

印象,那就是,他认为他自己比任何其他人都聪明能干。"

"乔治思想极为灵活,以至于我们都跟不上他的节奏。他总是跑在大家的前面,而且很没有耐心,常不管我们的意见,做出单方面的决定。"

"他每分钟能跑100英里;总是很急切,不会停下来听听别人的看法。如果你跟不上他的思路,你就不能得到他的关注,他会打断你。"

"乔治展现出了非凡的商业敏感和技术知识,但他缺乏人际交往技巧。他总是专注于推动他的战略实施,却不在乎如何实现这一点,或者他是否正在冒犯别人。"

"即使是向他提问也会让他不耐烦。人们最终会觉得自己很愚蠢,所以他们学会了听命行事。"

在很多手下人眼里,乔治是个"肇事者",这一点打击了公司的士气。让事态更加恶化的是,他的很多同事都觉得乔治过于自以为是;他们指责他总是吹嘘自己的战略构思,而不承认别人的贡献,或是总不承认自身存在的问题。在一次业务评估中提到,乔治的工作作风"不利于激发团队的工作热情",他"需要学会谦虚待人","倾听别人的意见",并且"相信别人的工作能力"。

乔治所体现出来的是精英男性战略家所具有的典型倾向。正如你在表5—1中看到的那样,当"数据王"变成"无所不知的公子哥",他的分析天赋就成了破坏性武器,而不是教导性工具。

表 5—1　战略家综合征：当优点变成缺陷

精英特质	对组织的价值所在	对组织的危险所在
以事实为依据，思维理性，逻辑性强，是善于分析的决策者	能找到困难问题的解决办法；能够进行理性思考，根本不会受到情绪的困扰	不重视那些没有事实依据的建议和观点；不擅长理解自身和别人；不太可能跟别人分享情感，或是与别人建立情感联系
能去粗取精，从大量信息中发现机遇	能够洞悉发展潮流和战略趋势；发现目前现实与未来可能之间的差距	可能会局限于狭隘思维，急于下结论
非常聪明；专注于精确思考	觉察别人论据和观点中的疏漏之处；找到正确解决办法	让人觉得是自以为是的家伙，使人敬而远之；把自身观点强加于人；对思维较慢的人很不耐烦
对观点感到好奇；愿意找到解决问题的最佳方法	善于进行头脑风暴；能与别人进行高效合作，提出新观点	过于坚持个人观点；变得固执和强词夺理；不会利用他人观点；不能建立合作关系，无法进行团队合作
对自己的智商很有自信；抱有坚定的观点	采取具有决定意义的行动；迅速、高效地解决问题	无法考虑其他选择；不会质疑自身推断；傲慢固执扼杀创造力；将自己的观点强行灌输给别人

尽管乔治曾经接受过好几位专家的训练，但他的团队却未在他身上看到明显的、持续性的变化，所以公司就和我们取得了联系。埃迪决定看看他能否突破乔治的防御机制并

第五章

最终改变乔治。他很快就发现乔治具有很多精英战略家所不具备的优点。别人可能会觉得他是个自以为无所不知的家伙，但他对于自己的问题，实际上是很谦虚和清醒的。"我之所以来到这个公司就是为了推动变革，"他在自我评估中说道，"但就在我推动变革的时候，我看到人们在抵制。他们认为我很傲慢，缺乏耐心。他们觉得我不愿接受他们的反馈意见。我得改变这种局面。父母和童子军都教导我要乐于助人，我也想这样，但是我太固执己见，以至于人们认为我不想听取他们的观点。我必须更加注意我所发出的信息，并接受这样的现实，即人们都有不同的工作方式、不同的做事方式。"

乔治带着坚定的决心开始了训练过程，他准备好采取一切必要措施，提高他的领导水平。2005年7月，当他为整个团队总结了他的全方位评估，并与同事们以及经理进行一对一谈话之后，转折点终于来临了。在埃迪参与之下，乔治介绍了他对于自身的认识，并邀请同事们进行一场坦诚对话，讨论他需要面对的真正挑战。

当乔治充分认识到他对于其他人的巨大影响后，他就开始了自我反省，每一次与别人交换意见他都会看看自己是否实现了有效的人际沟通。他所关注的重点从证明自己的正确，转变为实现他的崇高目标，这种转变促使他从别人那里寻求诚恳的反馈意见，并将一些有用的技巧付诸实施。你将在本章后半部分发现这些技巧。他6个月后的全方位评估记录了他的成长：

"乔治现在耐心多了,也更有包容心了。人们觉得不再那么受到他的威胁,大家看起来都更加愿意和他共事。"

"他的人际交往技巧更好了,对别人的忍耐度增加了很多。你从他的身体语言中可以看出,他不再是那么的好斗,而是更加乐于接受别人。他会听取大家的意见,给大家充分的时间介绍自己的观点。"

"他更加包容别人了,更开放了,不再那么固执己见。"

"对乔治来说,诚实和正直总是非常重要的。现在他谈论的价值更加真实也更加诚恳了,因为他对别人的态度好多了。"

关于他第二次表现的评论包括了四星级的溢美之词,所涉及的都是以前那些被视为缺点的方面:"诚恳地从同事和领导那里征求意见;高效地接受别人的及时反馈;不那么专制独裁了;对别人的贡献给予公开承认。"乔治仍然有提高的空间,但他的转变无疑是巨大的。在乔治领导风格转变后的下一个季度,伊顿卡车的业务比上年同期增长了24%,卡车业务也成为整个公司首要的利润贡献点,而这个部门实际上并不是最大的。更重要的是,乔治的同事都完全支持他所确定的前进方向,这使得公司业务更有可能继续超越预定的增长目标。[2]

第五章

有关精英战略家的数据

我们的研究发现,战略家的优点和风险之间存在着较强关联(见附录B,表B—1)。如果你是一名强势的、自信的、分析才能出众的思想者,具备非凡的辨别力和理性决策能力,那么你也有可能会利用你的才能作为对付别人的有力武器,将你的观点强加于人,拒绝接受别人有价值的观点。

至于性别因素,男性在战略家的优点和风险两方面的得分都比女性更高。换句话说,男性精英比女性精英更可能成为战略家,而男性精英战略家也比女性精英战略家更有可能表现出自我防护、自以为无所不知以及其他形式的思想压制等负面因素。(见附录B,表B—2)

还有包含三个主要方面的风险组合——争强好胜、缺乏耐心和易怒——也与战略家风险得分方面的高分数密切相关(见附录B,表B—3),尤其是第三项,即易怒程度,与风险得分的相关性更为明显,无论男性女性。

出色的思想者变得无所不知

再想想学校里那些脑瓜好的孩子吧。你肯定见过为人善良而又乐于帮助别人完成作业的孩子,他会很耐心地尝试不同的辅导方法,以彻底解决问题。当然也有一些令人讨厌的聪明鬼,这些家伙总是在炫耀自己的智商,对别人语带讥讽,让那些普通孩子觉得自己就像个傻瓜。这就是健康、全面的精英战略家与全无人际交流技巧、存在性格缺陷的精英男性战略家之间的区别。大家都不喜欢一个自以为无所不知的家伙。全班人都会盼着那个狂妄自大的同学考试不及格,而同事们则希望看到傲慢的精英战略家出错,越错越好。妄自尊大的学生不会收到参加集体聚会的邀请,而自以为是的战略家也会最终失去他所恳求的晋升机会。他越想证明自己的正确,别人就越盼着他犯错。有时候即使他们是真的正确,大家甚至都不愿承认。

精英战略家具有敏锐、精准的头脑,他们常常是第一个发现别人想法中的不足之处并找到正确答案的人。但是,正如乔治·阮的全方位评估中所显示的那样,如果他们的洞察力通过不耐烦或是傲慢的态度表现出来,那么上述优良品质就变成了缺点。那些喜欢从证明别人的错误中寻找乐趣的战略家会遭到大家的抵制和怨恨。其他精英人士会跟一个自命不凡的战略家展开面对面的争论,直到最后双方所关注的已不再是针对所属集体的最佳方案,而是想方设法赢得这场争论。那些非精英人士会绕道而行,避免与战略家惺惺作态的领导权威打交道,他们甚至会把自己的思想封闭起来,做一天和尚撞一天钟,三心二意地执行着漏洞百出的计划。

精英战略家往往爱卖弄自己的能力,他们几乎对所有的事情都有着强硬的观点。他们会自言自语,却不会与别人对话。他们也是声名狼藉的插话者,一弄清你谈话的方向,他们就会插进来,然后讨论就变成了他们的个人演讲。精英男性战略家简直就是那些有不同意见者的悲哀,因为他们将别

第五章

人的不同意见视为公开侮辱。他们会对此展开反击,强迫你接受他们所提供的事实。只有那些拥有健康自尊心的人才能在精英战略家的攻击中幸存下来,而不是去内疚自己的智商。

战略家拥有发现问题根源所在的敏锐能力,但这一点往往会让他们陷入困境。这种能力让他们总是先人一步,而他们并不总是有耐心、有技巧地引导别人。"我有正确的想法,但如果我不能把自己的观点传达给别人,我就不能让他们和我一起共事,"专业生产半导体设备的KLA-Tencor公司前首席执行官肯·施罗德(Ken Shroeder)说,"开会的时候,对于我们需要做的事情,我非常清楚。但是我的团队成员不明白我做的事情。我不能让大家随心所欲,做错事情,但要是我不小心一点的话,我就会给人留下太过尖刻的印象。我不得不寻找沟通之道,那样即使别人不赞同我的观点,也会喜欢我的工作方式。"

随着一步步向事情的核心进展,不健康的精英战略家会寻找别人思维中的漏洞。意图倒是可敬的:打破沙锅问到底。但他们对于别人稍缓的思维缺乏耐心,这使得共同的探索过程变成了一场审问。在他们面前,别人就像听课的孩子一样,都希望不要被老师点到名。当然,精英战略家并不认为自己是思想上的恃强凌弱者。他们只是在追求精准的思考。"我通过对数据的处理,非常迅速地找到答案,很多人都被我远远地抛在了身后,"一位有自知之明的战略家说,"如果我施加的压力太大,他们就会抱怨,说我在玩'谁是傻瓜'

的游戏。我不想显得高人一等,所以会感到困惑,我希望这种局面能够得到改善。"

战略家坚持认为他们掌握着正确答案,说服别人跟随自己是义不容辞的责任。但这种信念往往成为他们错误的起点。如果对别人的劝说没有奏效,最不耐烦的精英战略家就会宣布游戏结束,以命令的方式将自己的战略付诸实施。拉里·鲁奇诺在红袜队的一个同事将他形容为:"高效的合作者、伟大的推动者,将众多利益集团——合作伙伴、球迷、政客、媒体和管理层联系在一起的整合者,但是,"这位同事补充说,"面对压力,他常会采取命令与控制的策略。"

当劝说无效时,精英男性通常会采取一些操纵手段,他们可能会问一些精明的问题,将别人引导到自己的思维框架内。如果对方依然不能得出正确的结论,那么战略家就会直截了当地告诉他出错的原因,其中的言外之意常常是对方不仅知识欠缺,而且愚蠢呆笨。问题最严重的精英战略家就是那些以智力欺凌弱小者,他们很喜欢摧毁别人自尊的感觉。"我喜欢看到他们出汗,"一位经理承认,"我让他们满头大汗,就像是用智力的大棒重击了他们的脑袋一样。"他说自己这么做是为了让人们的思想更活跃一些,但是结果却变成了一种糟糕的运动,他称之为"头脑冻结"。而在他认识到自己的轻蔑态度对团队的思想能量产生了毁灭性冲击以后,他就尝试着去问一些建设性的问题,引导人们发现新的东西,而不是让大家感到备受威胁。

这些缺点所导致的后果带有悲剧性的反讽意味:精英战

第五章

略家的成功建立在清晰、客观的思考之上,但他们对自我正确性的需要却会让明白的道理变得模糊,并破坏他们所吹嘘的那种客观性。更糟糕的是,对于自我正确性的执著使得他们远离了那些掌握关键信息的人们。这也使得那些试图提供帮助的人更加疏远,因为他们要指出精英战略家思路中的不足之处。一旦遭到伤害,潜在的盟友就会远远地躲在无所不知者的火力范围之外,在秘密的团体中以自己的方式做事。

客观思考否定了人性因素

就像电影《星舰迷航》中的斯波克先生(Mr. Spock,角色之一,逻辑性强,对各种信息过目不忘。——译注)一样,精英战略家做事可以非常理性,就像是一部精密的计算机。正如我们在乔治·阮身上所看到的,他们的冷静、客观是优点,但是人际技巧的缺失使他们很难得到别人的衷心拥护,也很难得到别人的帮助来完善自己的创意。精英梦想家也会对现实视而不见,他们在获取别人的信息上也有麻烦,但是激情和灵感使他们更容易克服这个问题。精英战略家努力通过证明自己的正确以吸引别人参与进来,但在这个过程中,他们往往最终让所有人都感到厌烦,因为他们的做法让别人感到自己是个智力低下的傻子。他们中有些人对于数字和逻辑观点过于关注,周围人都在背地里称其为机器人。

在战略家这里,"提出构想,人们就会跟随自己"变成了"创造一个卓越的计划,人们就会将其付诸实施"。但是要让别人参加进来所需要的并不仅仅是说服策略。你还得打动他们的心,触及他们的灵魂深处。"引发改变是个挑战,其核心问题不是战略,不是体制,不是文化,而是改变人们的行为,"著名的文化变迁问题专家约翰·考特(John P. Kotter)在他的书中写道。[3] 他还指出,改变行为"与其说是将分析灌输给人们以影响他们的想法,不如说是帮助他们认清事实真相,以影响他们的感情。"

最近我们与一家大型消费品公司的高级副总裁一起工作。一年前,他负责管理一个拥有2,000多名员工的工程部门,并在改进产品重大质量问题方面取得了显著进展,但是却没有得到消费者的广泛接受。于是我们访问了这个机构中75位高级工作人员,以弄清到底是什么在阻止他们实现自己的目标。我们发现,这位高级副总裁性格暴躁,而且总以居高临下的态度对待他人,这使得他的工作团队缺乏彼此信任的氛围。首先他爽快地接受了我们的调查反馈结果,然后我们共同研究了所收到的关于他的策略缺乏连贯性的评论。这些评论让他火冒三丈。他的身体离开椅子,充满威胁感地向前倾,使劲地拍着桌子,声音大到周围办公室的人都听到了。就像律师出示证据那样,他向我们展示了一份文件,文件中详细介绍了他的战略计划。他用很高、很尖厉的嗓门说自己曾在各种会议和备忘录中无数次地提到过这个计划。而那些白痴怎么能指责他没有总体战略呢!

实际上,大家都很熟悉这个战略计划,但是却不理解计划如何才能成为现实,或产生所需要的结果。这位高级副总

第五章

裁面临着很多精英男性战略家所共有的一个问题:不凡的认识,糟糕的阐释,没有追随者。他就像一个有着绝妙计划的橄榄球教练,却找不到球员理解并执行这个计划。一旦冷静下来,他就能认识到,如果你不能让别人认同并追随你的观点,那么不管这些观点有过么光辉夺目,都是一文不值。最终,公司决定每月留出一个下午的时间来在员工中深化战略计划,并在公司内部交流所取得的成果。结果,该公司已在市场开拓方面取得了长足进展。

就像那位高级副总裁一样,不太健康的精英战略家会把思想上的信心这种优良特点转变成傲慢、固执等缺点。如果手握大权,他们就会以命令的方式来实施自己的计划,甚至打着分歧合理化的旗号。即使所有迹象都表明他们将会失败,也会疯狂地坚持自己的战略,因为他们不能承认自己是错的。即使他们独有的观点被证明是正确的,其长远影响也可能是灾难性的:胜利强化了他们的傲慢,以后精英男性更加不可能去听取别人的不同意见了。

精英女性战略家

我们的调查表明,男性比女性更有可能表现出战略家的特征。(见附录 B 中的表 B—2)这个发现与一些科学研究的结果是吻合的,这些研究认为,男性是线性的、连贯的思考者,可以轻易地将情绪与思想分开来,而女性的思考方式更加完整,可能这是因为不同的思维过程在女性大脑中分布更为分散,而在男性大脑中则更加集中。[4]随着社会的持续发展,越来越多的女性学到了前辈想都不敢想的思维技巧,我们有可能会看到男女战略家之间的比例发生变化。

在我们的研究中,总的来说,女性战略家拥有跟男性同样的分析技巧,但是她们却不会面临那么多的人际关系风险。她们不太可能被当作是傲慢、自以为无所不知的家伙,因为女性更容易接受不同的思考角度,更愿意验证别人的观点。

当然,情况并非总是如此。埃伦·麦克马洪(Ellen McMahon)是辉瑞制药公司的高级研发科学家。凭借自己的精英战略家才能,在男性主导的心血管生理学领域,埃伦成为了一名杰出的研究者。她认为自己很聪明、反应敏捷、比大多数研究人员(不分男女)都更顽强,而且如果有人以她的性别作为理由,指责她做不好某种工作,她会付出更加艰辛的努力来证明自己。她具有很强的进取心,对于研究发展方向具有独特的分析天赋,这些优势使得公司的药物研发取得了重大进展。

但是埃伦也表现出了精英战略家的缺点。周围有些人认为她太固执己见、对别人过于苛刻、对自己的观点太自以为是,他们给了埃伦一个绰号"铁娘子"。她不但没有充分挖掘别人的潜能,反而把别人都吓跑了。"她太专制、太固执了,大家都不愿向她展示自己的创造性观点,"一位同事如是说,"她通常都是正确的,但是她会在大家连思考的机会都没有的时候就对别人说'你错了'。人们因此感到犹豫不决,对她感到厌烦。"就像跟那些精英男性战略家在一起的时候一

第五章

样，埃迪帮助埃伦找到了正确施加个人影响力的工具，将她的思想力付诸实施，她后来成为充满说服力的女性科研人员以及药物研发过程的代言人。

路易斯·奥布赖恩（Louise O'Brien）曾是戴尔公司前任战略副总裁，也曾担任过《哈佛商业评论》的编辑。她是一位更加典型的精英女性战略家，一名头脑清晰、思辨力强的思考者，拥有阐释自己观点的卓越能力，即使是那些男性精英也对她敬佩有加。路易斯·奥布赖恩不仅擅长面对面的辩论，而且她知道如何听取并利用同事们的意见。来到戴尔公司之前，路易斯曾是贝恩公司的合作伙伴。她回忆说，在贝恩公司的时候，"我总是争取参加那些定量分析案例，参与那些更男性化的产业。我是刻意这么做的，因为作为一个女人，我知道自己会被别人轻易地贴上浅显、不中用的标签，所以总是努力用那些别人根本想不到的精辟分析打出本垒打（棒球术语，直接击球得分。——译注）。"正是这些本垒打使她成为贝恩公司的合伙人，即使现在也很少有女性能做到这一点。

作为一名领导者，路易斯缺乏很多男性精英战略家所拥有的一针见血的思维特点——先不管这个特点是好是坏。在她的职业生涯中，曾担任过一段时间的销售副总裁，与公司里一个粗野的同事发生了冲突。那个同事对她就像是对待生死较量中的对手一样。一次开会时，此人自鸣得意地看着路易斯，声称他最终会把她取而代之，她要么向他汇报，要么走人。"我提醒他，我们是在同一个队伍里，但他根本不这么看,"路易斯说,"对他来讲这就是一场零和博弈,而这并不是女性看问题的方式。"在这个特别的案例中,路易斯的方案最终击败了那位充满敌意的同事的方案。他既没能让路易斯走人,也没把她取而代之,最终他只得灰溜溜地离开了那家公司。

在担任戴尔公司的战略副总裁期间,路易斯说,"我之所以强势,是因为我的老板,迈克尔·戴尔和凯文·罗林斯就是很强势的。说实话,我喜欢被别人权力的光环围绕,这使我不必亲自挥刀。"那些想坐在金字塔顶端的精英男性战略家要是在这两位影响重大的角色阴影下工作的话,麻烦可就大了。但对于路易斯来说,一切都进展得很顺利,她说,"我的动力来自对个人成就的追求,而不是对别人的统治和操纵。"

对于像路易斯这样的天赋极高的战略家来说,她们所具有的精英女性特点是一笔财富。当然,从一定程度上说,这些特点在那些健康的精英男性战略家身上也并不缺乏。但是如果这些特点矫枉过正的话,就可能很轻易地沦为缺点。比如说,如果你太在意伤害别人的感情,那么你就无法坚持自己的观点、反对别人的错误观点。你也可能只顾个人情绪,片面地否决掉自己好不容易才分析得出的结论。例如,有些时候,解决问题的最佳方式往往会对个人产生负面影响;要做出这些艰难的选择,女性可能会觉得更加痛苦,而男性面临着另一个方面的风险,那就是太没有人情味。健康的精英战略家——无论男女——则能够在理智与情感之间找到平衡,即考虑到个人利益,又可以大胆地做出顾全大局的

第五章

最正确的决定。

战略家工具

精英战略家面临着三大困境：(1)如何在阐释自己思想的同时又不让别人自我感觉太糟，(2)如何在指出他人思维漏洞的同时不让他们感到疏远或受到冒犯，(3)如何平衡自己的独到思考与高效组建团队能力的关系。如果他们学不会解决这些问题的话，就会压制别人的创新思考，降低工作能量，破坏团队精神。而面对预期效果落空的打击，精英战略家就会更加坚信，他们自己才是唯一能把工作做好的人。结果呢？战略家觉得自己成了他人缓慢思维的牺牲品，他们于是把自己当作了大英雄，接管一切，当然这样做的结果使他们在别人眼中变得更可恨。

得益于市场行情的突变，新英格兰地区的一家消费品公司经历了一段前所未有的业务大发展。由于公司所拥有的资源已不能满足猛增的市场需求，首席执行官[我们叫他克里斯(Chris)]不得不面对一系列挑战。他必须继续努力满足忠实客户群的需要，还得招募、培训新员工，同时还必须进一步挖掘老员工的潜能。他努力在这些工作中找到平衡，但是这种巨大的压力使得克里斯的精英战略家风格与公司首席运营官史蒂夫的精英指挥官特点发生了冲突。

20多年来，克里斯和史蒂夫一直共事。过去五年，他们都在目前的岗位上发挥了积极的作用，是一个成功的团队。那段时间里，二人工作风格互为补充。但是，跟很多在巨大压力和紧张情绪下发生的情况一样,精英特性现在更加突出了,他们之间第一次发生了冲突。克里斯是一位与众不同的、头脑缜密的思想者,他通过经典的战略家的方式进行决策,那就是在牢固的事实依据的基础上,进行按部就班的数据分析。克里斯总是充满紧迫感,他会把数据牢牢地把握在自己手中,并进行快速的分析处理,以便自己能够做出严谨的决策。一旦作出决定,他就会坚定自己的想法,并把想法传达给别人。在有些情况下,这种精英战略家的思考方式就像医生的医嘱一样。但是这也意味着匆忙决定的风险,剥夺了其他人表达有价值想法的可能,也失去了组建高效团队的机会。这种骄傲、顽固的态度让同事们感到沮丧,他们可能有不同的想法,而且他们也相信自己是正确的。

史蒂夫就是其中的一个。他是真正的指挥官,有着非凡的个人感召力,通过给员工带来能量和动力来更好地完成工作。他能迅速评估所面临的形势,做出有针对性的理智的决定。史蒂夫对于自己的想法总是充满自信,而首席执行官克里斯感到焦虑的时候,史蒂夫安慰他的方法就是告诉他"相信我,一切尽在我的掌握之中"。但是,缺乏事实依据的安慰并不能打消战略家的担忧;相反,这样的做法会加重他们的焦虑,甚至让他们更加警惕。在公司业务大发展的关键时期,有好几次的重要决策最后都面临克里斯与史蒂夫的对峙。但毕竟克里斯才是公司的最高领导,史蒂夫不得不忍痛放弃自己的想法。这种局面使得史蒂夫不仅感到受到排挤和轻视,而且他觉得自己在下属中的权威受到了破坏——对

第五章

于一个精英指挥官来说，没有什么比不被认可指挥地位更痛苦的事情了。

就在史蒂夫越来越灰心丧气的时候，克里斯的情况也好不到哪里去。他觉得自己的首席运营官并不支持自己，而在过去，他们曾经成功合作了那么多年。克里夫变得多疑起来，觉得史蒂夫总在想办法对付他，利用个人魅力获取别人对自己的支持。他并不知道史蒂夫的安排到底是什么，但他认为这个安排肯定跟自己的不一样。事实上，史蒂夫是在用自己的影响力说服员工们相信克里斯的决策。作为一名精英战略家，克里斯相信数据最重要：把事实展示给别人，告诉大家从这些事实中将得出的必然结论，这样就足以说服大家做好工作。而史蒂夫明白，多数人对于数字的感觉并不像战略家们那样。他努力地在员工中灌输一种使命感，并向大家摇晃着未来奖励的"胡萝卜"，以此来推动大家做好工作。

在一般情况下，这种领导方式的差别可以让双方保持很好的平衡，但在当时却开始产生严重的后果。雇员们对于首席执行官和首席运营官都有怨言。他们认为，史蒂夫施加的压力太大了，却没有提供一个正确的路线图。"只告诉我们'轻松取胜，宝贝儿'是不够的，"一位高级主管说。同时，他们也在抱怨克里斯要求得到太多分析过程，以至于大家没时间完成工作。有些人实在忍受不了，一气之下离开了公司，留言的"磨盘"在旋转，很多人都动摇了。

于是埃迪将这两位老同事聚到一起，把问题讲清楚。所做的第一件事就是让两人描述一下他们想让公司成什么样。他

精英战略家

们很快就发现双方在出发点上有着完全相同的看法,但是彼此的方式、方法却是如此不同。不过值得赞扬的是,克里斯与史蒂夫都没有犯一味指责别人的错误,相反他们都检讨了自己的行为。史蒂夫认识到,仅仅告诉克里斯自己的决定是不够的。作为一名战略家,克里斯需要的是事实依据,不只是信念。史蒂夫愿意,以后告诉克里斯相关的数据以及得出结论的分析过程。在克里斯这边,他认识到自己必须明白,多数人并不具备他所拥有的收集、分析数据的能力,人们需要其他更具人性化的启发方式。他还认识到,在这样一个变化时期,自己必须将不确定性考虑在内,以免扼杀了更有创造性的经营理念。两人都认为应该避免陷入非此即彼的思维模式,不应该让双方的立场对立起来。相反,他们同意提出更多的方案,共同做出最好的选择。同时,他们作为公司领导,还应与其他高级管理者有效沟通,建立良好的合作关系。

克里斯与史蒂夫的故事展现了在一个公司内精英战略家面临的一些挑战。这个故事也表明了提高反馈和批评接受意识的重要性。对于克服战略家的风险,这里有一些更具体的方法。

停止辩护,开始学习

精英男性为捍卫自己的立场可以竭尽全力,足以获颁为美国大学优秀橄榄球中后卫所设的布特库斯奖(the Butkus Award)。战略家特别擅长捍卫自己的智力球门线。而那些聪明人明白,不必要的强硬态度往往需要付出高昂代价。

防护意识往往产生精英三角。这里介绍一下它是如何

第五章

在精英战略家身上起作用的。无论是管理者,还是同事之间,他们的强硬态度都让其他人成为牺牲品。而这些"牺牲品"的自我保护意识可能是被动的——紧张的解释、低调的辩护,也可能是主动的——展开反击或者试图转移自己受到的责难。那些翻脸不认人的自我保护者自然成了精英男性的牺牲品。此时,提供了最初反馈意见的精英战略家其行动可能是二中取一:(1)精神上彻底放弃,闭上嘴巴,因为其他精英并没有听自己的意见(一种微妙的英雄行为,可以保证和平局面,保护各方关系),(2)加强进攻性,他让冲突升级,强化了自己的坏人角色。这两种选择都符合精英三角关系。

正如你在表5—2中所看到的,健康的领导者可以从他人的反馈中获益,并做出必要的改变,而有缺陷的领导者则会想尽办法拒绝别人的意见。

表5—2 对于反馈的反应

有缺陷的精英领导者	健康、自省的精英领导者
假装问题不存在或认为与自己无关	承认问题的存在并负起解决问题的责任
拒绝批评,总认为出问题是别人的错	发现自己导致别人犯错误的原因
自我保护;用愤怒表示自己工作很卖力、做了很多工作;展开反击	承认自己的差错和纰漏。接受别人的反馈,并将此作为学习机会
发表不相关的抱怨,或者批评别人的讲话或结论,以此混淆事实	主动解决问题,思考需要传达何种信息,弄清大家的分工
扭曲真相,确保自己看上去更好,或者随意忘记自己得到的忠告或自己曾同意的事情	全力关注完成工作,面对挑战

当精英战略家的竞争本性占据上风的时候,他们就会封闭头脑,把别人的思想、观点和事实都关在外面。要摆脱这种困境,就必须放弃那种无所不知的态度,采取更加开放的立场。在我们前面提到的例子中,克里斯和史蒂夫就是这么做的,展现了每一个精英男性都应该学习的技巧:(1)他们理性、诚实地看待自己,而不是一味寻找客观原因或是完全归罪于别人,(2)他们愿意摆脱防人之心,乐意进行真正的沟通交流,(3)他们公开承认自己所犯的错误。

图 5—1 为我们提供了避免过度防护意识的有力工具。在(+)项中得分越高,说明自我防护意识越弱,对于学习的开放程度就越高。在(-)项中的高得分意义恰恰相反:强烈的防护意识,拒绝学习。

图 5—1　将自我防护意识转变为积极学习

	+10	主动准备变革,接触他人,设置目标和转折点
	+9	表达对于进行变革的高度热情
对学习具有高度认同感	+8	彻底思考,围绕问题本身寻找新的联系
	+7	对于问题以及已经产生的结果有负全责的态度
	+6	主动请求获得关于相关问题的信息和例子
	+5	公开询问关于自己在工作中的角色
	+4	对于问题本身以及如何解决问题表达真正的好奇
	+3	对于传递信息的人表达由衷的感激,不介意别人的说话方式
	+2	在不插入个人观点的前提下总结要点
	+1	看上去很感兴趣,展现开放的姿态

突破口:要注重好奇心,而不是自己正确与否

第五章

高度自我防护意识	-1	出于礼貌显得感兴趣,而内心里却在想着如何辩驳
	-2	在细节上浪费过多口舌,提供更多信息,以为问题会因此而消失
	-3	用强力的、强制性的逻辑和对重要事件的看法为自己的行为辩解
	-4	认为自己遭到误解,打断别人并给出自己的观点
	-5	认为别人的话是对自己的无端指责;感觉不被认可
	-6	责备他人或揪出别的事情;拒绝承认自己的任何责任
	-7	做出傲慢的回答,用非语言方式表现自己的愤怒
	-8	威胁或攻击表达意见的人;变得苛刻、粗暴无礼
	-9	假装同意,接下来却质疑已做出的决策,还批评不在现场的人
	-10	阳奉阴违,表面上执行别人的观点,内心却希望其失败

注:本图在 Gay 与 Kathlyn Hendricks 图表的基础上进行了修改,www.hendricks.com。

你可以运用这个工具来弄清自己所属的类型。比如说,如果你发现自己经常处在-1级或-2级,那说明你存在自我防护意识,对于学习的态度不够开放。你也可以利用这个工具来研究别人,并随之调整自己的行为。例如,如果有个人在防护意识上得分很高,那么你就别出声了;他不会听你的话的。最好停下来,听他说。如果他认为你是真心想理解他的观点,那么他有可能转变自我防护的意识,听取你的意见。

你也可以用这个图表来分析自己与别人互动的过程。假设你需要给一位员工提供批评性的反馈意见。你的本意是帮助这个人改变,但是此前他的表现糟糕,让你很失望。所以,你评论的内容和语调会因为责备的态度给他火上浇油(-6)。于是那个雇员的自我防护情绪出现,开始辩解(-1到-3)。你坚持自己的评论,让人觉得过于苛刻、粗暴且带有威胁性(-7或-8)。那人感觉到如果自己继续不停地解释,那就是自取其辱,于是就闭上嘴巴,勉强接受了你的意见

（-10）。后来，他的同事们对你大加抱怨（-9）。那么，这一系列不良的互动的结果是什么呢？你错误地将员工的顺从当作了赞同，转身走了，还以为你给他上了很有意义的一课，问题将得到解决。但事实上，他什么也没学到，你也是。

这样的分析可以帮助你找到未来更好的行事之道。只需将你的行为得分从负面的高得分转向正面的高得分就行了。你很快就会发现其他人的得分也在向同一个方面转变。

学会运用战略教育学

精英男性战略家相信自己比别人都聪明，所以他们很可能会负起超过百分之百的责任，制订有效的行动方案。但问题是，一旦有了一个出色的方案，他们的责任就又增加了一分：把别人争取过来。虽然在整个过程中都有全面的战略家的参与，但是其他人并没有承担100%的责任，并提供支持。当人们不理解战略家的推理，而是找到更好的办法影响他们时，战略家就会以大喊或贬低之词回应，或者他们绝望地放弃："如果他们不明白，那是他们的问题。我才不会为这些人的愚蠢行为埋单呢。"因此，精英男性战略家面临的一个关键挑战在于肩负起有效沟通的责任。

如果别人无法明白你的想法，你会觉得备受打击吗？不要因此就把他们当成是傻瓜。他们的思想可能只是没有你那么灵活和敏感罢了。也许你可以轻松跃过逻辑的台阶，而其他人则笨重地走在你身后，可不要把他们抛下不管啊。试着放慢你的步伐，适应他们的节奏。弄清他们知道什么以及

第五章

他们的脑瓜如何运转。用他们能理解的语言和教育技巧引领他们一同向前。

我曾经有过一个客户,就叫他皮特(Pete)好了。他担任一家大型高科技公司的高级副总裁,他的故事突出证明了,如果一个优秀的精英战略家能够多学一些影响他人的沟通技巧,他可以变得更加高效。"我总在人们的逻辑思维中找到漏洞,"他以前曾如是讲,"他们的途径不会引领我们到达理想的目标,我就会进行干预,希望他们能看清问题所在。如果他们做不到,我就告诉他们我的方式,而我的方式最后总是正确的。但是在这个过程中,我会疏远别人。他们感到自己的作用受到了贬低。"他的团队状态会变得非常糟糕,他们会不再提出问题。他们让会议毫无进展,只是单独聚在一起谈论客户需求。所以,他们所得到的结果跟他的期望值相去甚远。

在皮特的全方位评估中,同事们很清楚地说明了他所处的困境。"他让人们觉得自己并没有那么聪明,所以大家就退却了,不想出力了,"一位同事如此评论,"如果他能积极地与人打交道,而不是拒人于千里之外,那他将极为出色。"另一位同事说:"皮特贬低了那些没他聪明的人的价值,他的粗暴态度会导致严重的后果,造成员工工作热情、创造性和互相信任的丧失。"所有的战略家都能从我们给皮特的如下建议中获益。

● 利用你的天才帮助别人变得更加聪明,而不是让他们感觉自己像个傻子。
- 如果你认为有人没有"明白你的意思",应把这归咎于你的沟通问题。
- 要担负起讲明自己观点的完全责任,以便大家能够听从你的意见。

皮特努力学着逐步地、连贯地向别人传达自己的观点,并时常与大家交流,看别人是否理解了自己的意思。在我们跟踪观察了一年以后,他的全方位评估大为改观,有了下面这些评论:"他仍然满怀激情地推动我们到达正确目标,但他现在更慎重了。有时候他仍然会感到不耐烦,但现在他会用建设性的方式表达自己的担忧,所以大家都更乐于贡献自己的力量。"

有些精英战略家领会了将精确数据与高水准的沟通技巧联系在一起的价值,艺珂集团(北美)首席执行官雷·罗就是其中的典型代表。当安然(Enron)丑闻爆发的时候,雷(我们在第三章的时候就讲过他,因为他也具备了很鲜明的指挥官特质)正担任哈里森职业服务公司(Lee Hecht Harrison)首席运营官,这是艺珂下属的一家高管猎头咨询公司。半年以后,艺珂对公司财务进行了一次严格审核,结果发现公司正处在大规模的财务危机之中。于是雷临危受命,被任命为公司北美业务的新任首席执行官。

上任之初,雷必须解决艺珂公司所面临的危机,他先处理公司最需要关注的问题:将各个操作程序标准化,以便能

第五章

按照同样的规则对公司的各个分支机构进行审计。"我们是一个巨型的、分散的、营业额庞大的机构,这个问题极为复杂,"他回忆说,"最大的挑战在于将机构内各个层次的员工团结起来,并坚持贯彻维持变革所需的日常工作程序。"雷曾担任过美国陆军中校,他所指挥的营有800名士兵。军营生活让雷学到很多有益的东西,他费尽心思为公司制订了明确的、连贯的战略,并关注这一战略在各个层次的传达过程。公司上下的工作步调很快就统一起来,并产生了公司审计从未见过的巨大收益。在短短一年时间里,公司记录在案的有严重缺陷的产品数量就从192降到了0,利润提高了1%,这意味着至少增加了3,400万美元。

学会用心倾听

精英男性战略家宁愿发号施令,也不愿与人对话。他们认为,语言中的命令与控制战术使得他们可以达到施加影响力的目标。但是研究表明,他们是错的:人们在得到机会阐述自己想法的情况下才更可能改变自己的观点,而不是一味听别人讲。

请不要低估倾听的力量。那些认真倾听别人谈话、并根据所谈内容——以及没谈的内容——提出相关问题的人可以获得影响他人的巨大力量。良好的倾听需要开放的心态、尊重的态度和真正的兴趣。有技巧的倾听者会紧跟说话者的思路,不管这会把他们引向何方。他们会与说话者完全同步,而不是在心里想别的事情或盘算接下来自己说什么话。

最重要的是，他们乐于根据所听到的信息调整自己的思想。

目前有三种专注倾听的技巧：为了获取准确信息而听、分享情感和了解意图而倾听。将这三种技巧结合起来就可以显著地提高你的影响力。

为了获取准确信息而听。简要地总结你所听到的信息。你可能会以为，花费时间去总结将减缓对话的节奏，但事实上，这样做往往可以避免发生误解，从而节省时间，而不是浪费时间。这也要求你要清楚、大声地说"我听到你说的了"，这样的评论可以有效消除大家情绪高涨时产生的紧张气氛。

分享情感。你应该顺应说话者的情感并把它点出来："我完全明白你为什么会为这个难过"或者"听来你好像有些疑问，我明白你为什么会这样"。不要在谈话中脱离对方的感情或认为对方不应该有这样的感情。分享情感并不是说你必须赞同对方的感受；你可以在体会对方感受的同时仍旧保留不同的观点。

为了解意图而倾听。话语背后的真正意图是什么？洞悉话语内含的、却未明言的意图，这是一个极为强大的手段。如果你能很快地对那些你赞同的意图（这对精英战略家来说是个巨大挑战，因为他们喜欢对于自己并不赞同的观点发动突然袭击）做出回应的话，你就会更加容易地建立起同盟关系。

这三种专注倾听的技巧可以在谈话中单独使用，也可以在回应中同时出现。表5—3描述了在我们帮助一位首席执

第五章

行官时所发生的事情。他与一位固执己见的高管[我们称其为诺姆(Norm)]发生了争论,双方在如何定位公司价值问题上各执己见。

表 5—3　专注倾听

技巧	行动	举例
获取准确信息	总结谈话的要点	"诺姆,你通过一份图表展示了四种关键价值,还在一份 10 页的详细文件中介绍了这些价值所代表的日常行为。"
分享情感	突出谈话者的情绪和感情	"看来你满怀激情地要按照目前的方式继续推动价值陈述。改变陈述可能会导致公司上下的混乱并抹杀我们已取得的进展。我想知道,对此你是否感到担心,甚至害怕?"
了解意图	指出谈话者未说明的真实意图	"听起来,你希望确保我们的价值观能贯彻在所有员工的行动中,并形成积极的、可持续的工作习惯。"

如果没有学会专注倾听的艺术,那么这位首席执行官就会像一个典型的精英男性战略家那样结束这场辩论。他会表现出所谓的"斗牛犬"性格,强迫所有人闭嘴,按照自己所制订的计划行事。结果可能导致一种典型的精英三角困局,斗牛犬成了恶人,而诺姆和其他高管们则成了遭到迫害的牺牲品和英雄。当然,这位首席执行官并没有这么做,他让诺姆感到自己的话有人听并受到赞赏。他放弃了固执己见、充满自我保护意识的立场,转而采取更加自由、更加开放的态度。随后双方进行了积极的对话,诺姆和这位首席执行官都

听取了对方的观点,并用彼此都没想到的方式对公司价值陈述进行了修正。

积极接触

精英战略家在解读数据方面的天赋与在解读情绪(不管是自己的,还是别人的)方面的弱点往往一样突出。他们认为,感情就像违背逻辑的病毒一样,将会危害决策的制定。而这些病毒中首当其冲的就是恐惧。他们将恐惧看做是一种主要的弱点,应该从所有人(包括自己)身上除去。

热爱事实的精英战略家应该了解:即使是最自信的人也会受到恐惧的折磨;它可以起到积极的作用,推动我们质疑自己的推论;它还可以成为达到更深层认识和创造性突破的跳板——前提是我们能直面恐惧。

你可能认为人们都希望有个无畏、自信、有说服力的领导者,这种想法无可厚非。但这并不是人们想要的全部,他们也希望领导者是诚信和有人情味的。那些愿意放下架子、告诉别人自己也会恐惧的精英战略家反而改善了自己在他人心目中的形象:不那么傲慢,不那么自以为是,不那么有威胁了——这种感觉上的变化可以进而改变周围人的行为。我们并不是在鼓吹卖弄般地表现自己的焦虑,我们所说的只是一种微妙的变化,就是不说"我明白该做什么,那些不明白的家伙都是白痴",而是说"我相信自己清楚正确的选择,但我也希望能知道你们的看法,以证实或改变我的观点"。如果你可以实现这种改变,你就会发现,人们更容易尊重你、追

第五章

随你,而不是相反。

理解思维瑕疵

精英战略家擅长于进行哈佛大学教育学教授戴维·珀金斯(David Perkins)所说的"反映性智力思考",即通过思考得到正确答案的能力。他们能以闪电般的速度分析面临的形势,弄清关键性的变量,并根据每一种可能性找到符合逻辑的工作步骤:如果我们做 X,他们做 Y,那么接下来就是 Z,但是如果他们做 A,我们做 B,那么 C 只会很可能实现;所以要保证他们不做 A,那就让我们做 M——M 常常是其他人没有想到的。战略家所经受的很多挫折——以及他们给其他人所造成的痛苦——都是由于他们不能很好地与那些他们认为没有自己聪明的人相处。实际上,他们之中一些人在某些方面是更聪明的,但是精英战略家总以为所有人的脑袋都按照同样的方式工作,而只有他们自己的思维模式才是更好的。事实上,智力有很多表现形式,精明的战略家——与那些光是脑瓜好使的人不同——能够充分开发所有的脑力技巧,并帮助他人改进反映性思考。

第一步就是要理解其他人的思维是如何运作的。珀金斯教授在他的《超越智商》(Outsmarting IQ)一书中,描述了四种"智力陷阱",我们所有人都可能掉进这些陷阱:[5]

冲动思考。非常冲动、不假思索地做出反应,根本没想到自己到底是在做什么。结果我们草草了事,只得出最传统的答案。

狭隘思考。把思维局限在狭小的、习以为常的条件下，只考虑过去的条件。很多成见和偏见使我们从不怀疑自己的推论。

模糊思考。思维变得模糊、失真，做出不够准确的结论，比如过于笼统或过于注重表面的相似性，而没有发现内在的差异。

盲目思考。思绪毫无计划地四处游荡，从一个连接点跑到下一个……又到下一个……

精英战略家很容易落入冲动思考和狭隘思考的陷阱：冲动是因为他们已经对情况一清二楚；狭隘是因为他们的思考毫无破绽，没有理由再去考虑别人的观点。当然，如果其他人是冲动或狭隘的，这会让战略家不堪忍受。但真正让他们抓狂的是模糊思考者和盲目思考者。理解这些思维模式将有助于你理解为何人们会达不到你的预期。你就不会简单地把他们看做傻子，而是认识到（1）他们实际上也有可资利用的智力优点，（2）他们的缺点都是源于一些可以克服的常见习惯。如果你花些力气帮助他们改进思维技巧，那么你将得到不菲的回报。换句话说，不要抱怨了；开始帮助别人吧。图5—2总结了有助于避免这四种思维陷阱的技巧。

第五章

图 5—2　如何远离思维陷阱

如果你是冲动思考者：
- 学会容忍模糊和不确定性。
- 避免不成熟的结论，特别是在处理重要问题时更要如此。
- 积极吸收他人的观点和意见。
- 尽量长时期地对新思想抱开放态度。

如果你是狭隘思考者：
- 询问局外人的观点。
- 扩大信息获取范围。
- 与盲目思考者合作，相互帮助，寻求平衡。

如果你是模糊思考者：
- 跟果断、明确的思考者对话。
- 试着把你的想法解释给那些对于谈话主题一无所知的人。
- 得出结论之前，多问几次，"关于这件事还有其他需要考虑的吗？"

如果你是盲目思考者：
- 与有系统、有条理的思考者合作。
- 简化、组织你的空间；乱七八糟的环境会干扰思维。
- 如果你不能很好地组织自己的思想，那就学习如何传达这些思想。
- 在会议上介绍你的观点之前，按顺序记下你的三个主要论点。

培养好奇心

精英战略家经常出现自我保护行为的原因之一在于他们相信自己持有正确答案，他们希望商业团队能从自己的思想中获益。他们的良好初衷是帮助别人正确看待问题。但越是极力推动，坚持的时间越久，别人就越觉得他们过于固执己见，根本不会向别人学习。能摆脱这种弄巧成拙行为的成功精英领袖是那些愿意承认不确定性的人。他们愿意克制自己急于定案的想法,放弃只有自己的答案最正确的错误观念。相反,他们仔细听取别人的意见,为己所用,并寻找自己的发现与已知情况之间的联系。

比如,拉里·鲁奇诺会应用他所说的火星理论(Martian Theory):他主动寻求对自己关注领域无经验人士的意见,因为这些人的视角往往比较新鲜、直率。"我会带那些对体育一无所知的朋友去看篮球、橄榄球和棒球比赛,"他回忆说,"他们会对各个方面提出自己独特的观点,从为什么我们只进行篮球的半场防守,到为什么在棒球比赛中我们选择一些常用的攻击和防守策略。"作为一名棒球队高管,他学会了倾听出租汽车司机、球迷以及球探和数据统计员的意见,他认为这样做很有意义。

跟获得别人意见同样重要的是,你如何回应所接收的东西。拉里在有了多年经验以后才明白,人们希望你是真的想倾听他们的意见。就像其他精英男性战略家一样,对于存在缺陷的数据和过分冗长的汇报,拉里也会感到不耐烦,这样就给别人留下了负面印象。人们有时候会觉得遭到拒绝和轻视,他们因此就保持缄默,使他不能得到渴求的信息。

除了从不同来源获取信息之外,向那些意料之外的发现敞开心灵也会让你获益良多。不要满足于那些容易得到的答案,要提出我们所说的带有好奇心的问题。这里是一些你可能会问自己的问题:

第五章

- 我想知道这个人到底想说什么。
- 我想知道自己能从当前局面中学到什么。
- 我想知道自己如何能通过另外的方式实现目标。
- 我想知道如何才能不觉得自己被误解了。
- 我想知道还有什么我可能不知道。

如何与精英战略家共事

无所不知的战略家能把自己的观点像子弹一样射出,所以在面对他们的时候,大多数人的自然反应是常见的"或战或逃"式。别的精英人士想进行反击。而非精英人士则想逃跑,但是由于不能真的逃跑,他们会采取办公室里的方式:点头表示同意,即使他们压根儿不知道同意的到底是什么。所以,看看下面这些小提示,与精英战略家交往时以其人之道,还治其人之身。

激起好奇心。不要带着好斗的语调和屈就的态度。相反的,你应该搞清楚战略家思考过程中的微妙意义。努力洞悉他的核心信息。找到你们思维之间存在的差距。只有你充分理解他的思想来源,你才能帮助精英战略家理解你自己的思想。

与他单独共事。会议场面越大,精英战略家就越可能采取统治性的行为;人群会激发他们痛打挑战者的原始本能。如果你不同意他的意见,或想略微修正他的观点,那就试着单独找他。在一对一的场合中,精英战略家要文明得多,他们甚至有可能听取你的建议。

  与他的思考方式保持一致。 不能简单地表示反对,这会促使精英采取自我保护措施。你应该仔细研究有关数据,充分理解战略家的观点,然后积极地把你的观点与他的联系起来。在你们双方的观点间搭建桥梁,建立同盟关系,而不是完全赞同对方的观点。

  做足准备。 绝对不要在准备不充分的情况下跟一个聪明、有竞争力的精英战略家进行对话。你应该事先做好功课。收集相关事实、数据和文件资料。把你的结论建立在牢固的、有逻辑的论证基础之上。这会激发你的自信心,并赢得战略家的尊重。

  记下你的问题。 在面对一个充满威胁的精英战略家时,为了防止遗漏要点,你应该事先把你的问题都记下来,并把它们按照逻辑的连贯顺序组织在一起。你的谈话越有条理,你就越符合战略家的思维方式。他不仅会因此对你留下深刻印象,更有可能提供你所需要的信息——你进而也会助他取得更大的成功。

  在下一章里,我们将讨论四种精英类型中的最后一种——实干家,就是那些当你需要高效、有序、负责任地完成计划时必不可少的精英人士。

第五章

行动步骤

如果你是精英战略家：

- 把你的人际关系技巧提高到与思维技巧相当的水平。
- 利用清晰的交流和高效的示范，获取最大限度的支持。
- 勇于承认怀疑、恐惧以及迷惑等不良情绪。
- 学会在指出他人思考漏洞时不冒犯他们，不让他们觉得自己是个傻瓜。
- 不要把别人当作傻瓜，利用他们的精神力量，帮助他们克服思维缺点。
- 如果别人"不明所以"，要把这种情况看做自己的沟通问题。
- 把团队成功的重要性放在个人正确性之前。
- 当你有自我保护意识时，要认清自己的情况，改变自己，学习他人。
- 为了获取准确信息、分享情感和了解意图而专注地倾听。

如果你与精英战略家共事：

- 理解战略家思维方式，用与他们思维过程一致的方式应对问题。
- 通过记下问题和组织你的要点，努力做到准备充分。
- 巩固你自己的思维技巧。

- 学会在不让战略家感到冒犯的情况下表达自己的不同意见。
- 听战略家的批评,但明白对事不对人。
- 不要太争强好胜,不要觉得受到威胁。
- 利用"自我保护——积极学习"图表,明白自己何时变得过于自我保护,训练自己的学习能力。
- 在一对一的环境下与战略家解决存在的分歧和不同意见。

第六章 精英实干家

——能把人逼到墙角的推动者

我在戴尔公司最初的工作是对业务挑战进行分析研究。后来,我又调到了运营部门,先是担任美国市场的经理,后来又担任公司的首席运营官,再后来成为首席执行官。在这个过程中,我逐渐认识到自己具备从细节着手,集中精力解决问题的能力。这有助于我发现短期内的问题,找到关键所在,并在公司的各个层面推动计划的实施。但与此同时,我也认识到,有时候太过专注于工作,而对周围的人有些苛刻。在推动别人取得成功的过程中,我给人留下了固执己见的印象。我会告诉他们如何把工作做好,他们就会觉得管得太严,没有一点自由。我意识到,在工作中自己必须更加平衡才行。

在过去几年中,我努力工作,确保人们的参与感和

第六章

认同感。我过去常常认为自己的最大贡献在于明白该做什么并推动工作的完成,但后来逐渐认识到,有能力的人希望被领导,而不是被操纵。我的工作也需要激发人们的工作热情,帮助他们以各自的方式更好地完成工作。我开始花一些时间与人们建立更密切的关系,更加相信他们的专业技术,听取他们的意见,并弄清哪些方面运行良好,哪些方面不是。我也不再说"把这个完成",而是说"你觉得我们应该做什么?"。

最近,我们面临着一些工作执行过程中的主要挑战,我更需要"发号施令",以确保重要的问题得到妥善解决。但我努力继续保持自己与别人的联系,避免他们觉得我在独裁专制,而不理睬他们的感受。总之,我变得更加有合作精神了,这不仅让我成为一个更好的经理,也成为一个更棒的领导者。

——戴尔公司首席执行官 凯文·罗林斯

实干家优势

精英实干家具有高度的自律和自我激励意识,对待工作有持之以恒的态度,他们在工作中超乎寻常的多产和高效——能在很短时间内取得数不清的成绩,这一点真的让人难以置信。实现那些难以达到的目标只是他们的另一个目标而已:弄清目标,确定如何实现目标,然后坚持不懈地向前推进。在这个过程中,他们会睁大鹰一般的眼睛,及时发现别人看不到的问题,并不断修正前进的方向,直到在最短的时间内达到预期目标。

精英实干家相信三件事:结果、结果、结果。时间是最重要的:他们将利用所有可用的资源,抓住所有的机会,以在最后期限来临之前到达终点。精英实干家具有高度的责任感,他们绝对值得信赖,可以完成自己保证下来的任务,甚至做得更多。作为领导者,他们也能从别人那里得到可资信赖的结果。"他知道怎样充分挖掘员工的潜力,"一位实干家老板的团队成员说,"他希望你说,'哇!那个可不好做,但是这里有我准备好的18项行动,这样就能完成这项工作了'。"[1]优秀的精英实干家会以使命感激发周围的人,他问"今天你为我做了什么?",这句话会给公司带来巨大帮助,同时也是对同事的鞭策,使他们的信心和能力在有创造性的环境中得到加强。实干家要求很高,但完全可以挖掘别人的能力,不仅得到人们的尊敬,也得到他们的感激。

像福尔摩斯一样,精英实干家是出色的诊断专家,只是他们不是侦破罪案,而是找到商业问题的深层原因,并弄清如何解决这些问题。他们能在大量的事实和数据之中找到问题的关键所在。有的时候,其他人还根本不知道已经出现问题,他们就发现了一些微小的瑕疵,并早早予以修正。"发现一个问题后,我会对它进行分析:需要采取什么措施?我怎样才能动员大家解决这个问题?"凯文·罗林斯说。他在进入商业领域之前,曾经攻读过工程学学位,所以他仍把自己当成工程师。"我总会领先别人15到20步,并根据数据预测结果。然后我会仔细考虑所有必要的步骤,以实现我预期的

第六章

目标。"

在别人眼中可能是一堆杂乱无章的信息,而精英实干家却能从中发现有意义的模式;别人所抱怨的那些单调乏味的东西,在实干家看来却是绝对重要的。对他们来说,细节引出了实现最终目标过程中的关键步骤。每当从行动计划表上划掉一个项目,他们离最终目标就更近了一步。这一点不仅适用于自己的任务,对他们的团队成员同样适用。罗林斯将此比做扔垃圾。"有意思的是高层战略,"他说,"但是他们之所以称其为工作而不是游戏,原因就在于你有时候得去粗取精,否则你就永远都不能实现你的远大计划。"如果运用得当,这种对细节的关注就会成为一个强有力的武器。从田径教练到国家元首,我们社会生活各个领域的顶尖人物都有这样的武器。历史学家乔恩·米查姆(Jon Meacham)曾在《新闻周刊》(Newsweek)上发表过一篇探讨伟大美国总统优点的文章,他认为这些优点中就包括"熟知细节",因为"掌握别人行动的本质可以帮助你提出正确的问题,从而给那些感到焦虑或是喘不过气来的人一种安全感"。[2]

健康的精英男性实干家了解每个人工作的细微差别,因而能够教会别人该如何处理他们各自工作中的关键因素,并向他们提供准确的、不含糊的指令,不管这种工作是有关生产销售的过程,还是设计适合球员力量的回球。比尔·贝里奇克(Bill Belichick)曾率领新英格兰爱国者队(美国著名的职业橄榄球队。——译注)三次获得超级杯总冠军,他是这个行业公认的天才,也是细节处理的大师。"他对于细节问题极为关注,从来不会让我们蒙混过关,"该队的四分卫汤姆·布拉迪(Tom Brady)在接受《洛杉矶时报》(*Los Angeles Times*)采访时说。[3]

工作效率极高的精英实干家会教育、指导别人,并在纪律和才干方面做出表率。他们在时间和精力方面总是十分慷慨,能够给予别人所期望的反馈,指出他们的优点,并制造程度适中的焦虑表现,从而促使别人采取必要的行动,又不会把他们吓坏。实干家让人们清楚所处的位置。因为自己是极其负责任的,所以他们能令人信服地让别人也表现出高度负责态度。即使员工因工作受到实干家批评的时候,他们也会认为,实干家的目的是要帮助他们实现最佳表现。

健康的精英实干家是责任感的典范,他们绝不会乱找替罪羊、指责别人或是给自己的错误找借口。例如,戴尔公司的每一个经理和管理人员都致力于及早发现问题,负责找到解决办法,并遵守共识,即使是及时回复电子邮件这样的小事也不例外。这种专注态度所带来的尊重和互信促使那些实干家更有建设性地使用权力。人们希望为他们取得成功。在当今这个职业精神没落的时代,精英实干家仍然坚持负责的工作态度,这使得他们的组织更加团结,能够追求更高的目标。

大多数公司都希望拥有精英实干家。为什么不呢?实干家就是负责任的顶梁柱,他们愿意为了公司付出所有,他们是这颗行星上最能干的物种。他们浑身散发着高效、建设性的光芒,但是他们的缺点常常因此不被人察觉,以至于最终会造成很多问题难以处理。

第六章

精英实干家的问题

我们的一位客户曾在由精英实干家领导的公司工作多年,他完全融入了公司的文化。"我学会了充分挖掘细节,以确保每个小环节都运转良好,"他说,"但是在这个过程中,我对自己的要求越来越高,总对自己的表现持批判态度。"这里就是实干家的一个风险所在。寻找问题的时候态度苛刻,诊断问题的时候像使用 X 光的技师一样,他们常常忘了哪些环节运转良好。就像表 6—1 所显示的那样,实干家成了他们自己——以及其他所有人——最苛刻的批评家,他们推动成功的非凡能力最终却把人们逼到墙角,把他们的项目赶进死胡同。"关于精英实干家的数据"这一部分总结了我们对该类型人士研究的结果。

表 6—1 实干家综合征:当优点变成缺陷

精英特质	对组织的价值所在	对组织的风险所在
责任心强,值得信赖	明确每个人的职责;紧跟工作节奏,确保承诺得到兑现;让其他人都负责	管得过细;无法让别人负起责任
关注结果;对于工作成果和完成进度有很高要求	让别人充满能量,积极帮助团队实现较高的目标;充分发掘人们的潜力	期望过高;害怕庆祝成绩;经常对别人失望;工作/生活平衡关系处理不好
关注细节,计划清晰	关注成功过程的每一步;理解所有人工作的细微差别	过于干涉别人的工作;只见树木,不见森林;不能区分轻重缓急

持之以恒；推动工作进展和完成	打破障碍，推动团队向前迈进；愿意站在少数派立场上实现最终目标	使自己和别人都耗尽精力；缺乏耐心；扼杀创造力，造成错误；完成不重要的项目；早早失去热情
能够发现疏漏之处	主动发现问题，并进行调整；防止局势恶化	批评、贬低别人；无法赞赏别人的贡献；使别人失去前进动力
纪律性强、高效能干；期望别人也像自己一样	能承认取得的成绩，但又能制造足够的表现焦虑，促使大家进一步努力实现目标	更关注惩罚，而不是赞赏；使得别人产生害怕情绪和自我保护行为
直言不讳的交流风格	确保每个人清楚所处的位置；团队运行没有黑箱操作	让人觉得尖刻、嘲讽、以个人为中心；导致怨恨和反抗情绪
对于激励有很强的需要	对工作充满好奇心和探索的热情；满怀激情地投入工作；短时间内完成大量工作	容易厌烦；无事生非，乱找问题；小题大做，抓住一些小错误不放；让每项工作都急得不得了

关于精英实干家的数据

我们所作的研究表明，精英实干家的优点和缺点之间存在着密切的联系。（参见附录B，表B—1）虽然也存在例外，但是一般情况下，如果你具有精英实干家的很多优秀品质，那么同时你也很有可能背负着该类型人士的缺点——如果你很幸运地在"风险"项中得分不高，那么你也很可能不幸地缺少那些优点。看起来，实干家与生俱来的对于细节的关注和高度责任感往往伴随着一些副作用，比如管理过细、缺乏

第六章

耐心等等。

正如我们所预测的,三种风险因素——争强好胜、缺乏耐心和易怒——都与实干家面临的风险紧密相关。在这三个因素中,易怒和缺乏耐心的关系最密切。(参见附录B,表B—3)

实干家紧迫感的高昂代价

如果实干家失去平衡,他们就会变得吹毛求疵、极不耐烦、冷酷无情。他们往往会陷入一种紧迫状态,从不感到满足——不管是对自己所取得的成功、员工的表现,还是公司的利润。他们的初衷看起来高尚无比,那就是要尽可能快地越过终点线,但是这些魔鬼暴警(1988年美国电影 *Action Jackson* 中的警察。——译注)错误地将速度等同于成功。结果,匆匆忙忙之中,他们扼杀了创造力,忘记了轻重缓急,犯下了错误,最后白忙活一场,很多未完成的工作都堆积在一起。不健康的精英实干家可能会过分专注于从计划列表上减去一些事项,以至于他们连表上还有什么都搞不清楚了。由于他们将使命定义为"把一切搞定",他们最终会完成那些本不用完成的工作,做了很多无用功。

很自然的,不健康的实干家咄咄逼人的态度和对他人情绪的忽视使其成为精英三角困境中的典型肇事者。比如,我们有一个叫拉里(Larry)的客户,性格具有高度风险性,他自己称之为"疾速症"。和很多精英实干家一样,他总是不停地要求自己加速完成计划,坚持要求其他所有人都跟上他的节奏。他尤其憎恨那些乏味的、充斥着乱七八糟内容的报告。他无法忍受那些发言冗长的同事,就像个迫不及待地等着下课铃声响起的小学生一样,你甚至很可能会听到他坐立不安的声响。有时候他会打断别人,或者不耐烦地示意那个人加快速度,甚至干脆挑明,"你还有一分钟陈述观点"。有一次他直接走到报告人的电脑那里,一口气翻过20页幻灯片,然后说"从这儿开始"。

在拉里自己看来,他在全力推动工作向前,但是他不耐烦的态度总是会影响团队的注意力,本来大家还在考虑重要的决策,现在却都得想想如何跟这个肇事者打交道了。当我们告诉他,人们觉得受到威胁,不知所措,颜面尽失,而他的反应完全是自我辩解,"你认为我该容忍他们唠唠叨叨说空话、浪费15个人的时间吗?你希望我表现软弱吗?"戴尔公司的高级副总裁保罗·贝尔(Paul Bell)把这种不恰当的反应称为"错误的反对"。为了解释自己的固执观点,这种人会极力辩解。这是不健康的精英实干家常见的保护反应机制。

我们指出,拉里必须做出选择:他可以继续把人逼疯,或者可以肩负起一个领导者的重任,培训团队,做出更高效的报告。第一个选择让他觉得自己是个受害者,而其他人则把他视为肇事者。第二个选择可以让他拥有更多的影响力和控制力,而这才是精英男性通常所追求的目标。拉里选择了第二项,他成功脱离了精英三角困境。他用尤达大师(美国电影《星球大战》里的正义角色,最杰出的绝地武士,善于洞

第六章

察人心,富有智慧。——译注)慢条斯理的智慧取代了原来的"疾速症"人格。但遗憾的是,并不是每个精英实干家都会做出这样的选择。实际上,有些人甚至不知道有这样的选择。

实干家怎么成了纠责警察

健康的实干家是培养责任心的教练;不健康的实干家是纠责警察,他们不知道如何教导别人或是分配任务——他们总想控制一切,藏在别人身后,随时准备对别人的微小错误进行沉重打击。他们成了联邦调查局探员和严厉父母的结合体。他们总想发现错误,即使是那些最自信的人也会被他们逼疯。看见那些窃窃私语、警惕地环顾办公室的人了吗?他们很可能就是在抱怨一个无法无天的精英实干家。极不健康的实干家会追究所有人的责任,只有他们自己除外。他们认为自己是坦白正直的人,并引以为傲,还觉得自己冲锋兵一样的坦率态度是符合别人的利益的。"总有一天他们会感谢我的严格要求,"他们会这样说。但是在别人看来,他们自认为建设性的反馈意见可能是尖刻的、讽刺性的、针对个人的,在他们的三角困境受害者心中播下了抱怨与反抗的种子。

而当形势发展出现问题时,精英实干家就会从肇事者转变成英雄。因为那些懒鬼不愿意加班到很晚,那些目光短浅的同事体会不到尽快完成工作的紧迫性,所以可怜的实干家只能单枪匹马完成工作,在办公桌旁吃着微波加热的比萨饼,不得不放弃跟妻子共进晚餐,或是无法到学校去看孩子的演出。一天结束了,他觉得自己挽救了世界,可自己却像一个受害者。实干家从肇事者变成英雄,又变成受害者,转变速度如此之快,以至于这些角色之间的差别都不那么清晰了。

　　健康的精英实干家会以一视同仁、严谨的态度检视自己的行为。不健康的精英实干家则认为其他人不值得获得同样的尊重。他们相信,大多数人缺少他们所具有的非凡品质:积极进取、吃苦耐劳、乐于奉献、勇于牺牲;发现问题实质的神奇能力;找到问题解决方案的诀窍。由于精英男性实干家在那些方面都与众不同,他们会与同事发生争执,就好比那些天才运动员后来成为教练,却不能让那些普通运动员拥有和他们一样的视野。这里是三条全方位评估,所针对的对象就是一个不健康的精英实干家,他把自己的性格称为"批评症":

　　"为他工作比上商学院好,但是你不想让他失望。当他烦躁不安时,声调就会变得尖厉,身体语言也变得充满威胁。"

　　"当你做了出色的工作,如果他能鼓励你的话,那要好受得多,但你从他那儿所得到的只是一句'干得不错',然后会滔滔不绝地告诉你下次该如何做得更好。"

　　"我喜欢跟那些开朗的人共事,他会把自己的真实想法告诉你,但是有时候我也希望找个缝钻进去。他开始了长篇大论,批评接连不断。不管我曾经多少次站在接受者一端,我仍然觉得自己是一个毫无价值的失败

第六章

者。当人们看到他的这一面时,就会闭上嘴巴,把问题掩盖起来。"

精英实干家在管理方面存在着致命的缺陷,那就是他们缺乏耐心,看不起那些不太聪明的人,而且误以为大棒比胡萝卜更有效。很多时候,人们会勉强接受他们的要求,但仅仅是由于人们已经筋疲力尽。但"同意"并不能保证接下来人们会一直支持,所以实干家最后会觉得自己孤立无援,感到别人辜负了自己的希望,背叛了自己——肇事者—受害者的典型两部曲。

这种模式有时候由于精英实干家缺乏人情味而变得更加复杂。对很多实干家来说,友好与热情的态度看起来无关紧要,甚至等同于"软弱"。有些人可能会非常严厉,差不多可以称其为刽子手,而不是实干家。我们前面介绍过比尔·贝里奇克,他对细节的处理很有一套;据说他对于爱国者队球员的态度就像一月份的体育场一样冷淡。"他刚开始做教练的时候,认为绝对不能成为队员的朋友,"霍根评估机制(Hogan Assessment System)的罗伯特·霍根(Robert Hogan)在《反常领导风格》("Anomalous Leadership")中写道。[4]霍根认为,贝里奇克当初作为一名全美橄榄球联赛(NFL)球队主教练时就把第一个机会搞砸了,因为他对待球员非常严厉,球员们都不喜欢他。"贝里奇克胜过了他的竞争对手,因为他更精明,而且工作更加努力。看来他相信,尊重队员并不会给这一行带来任何好处。"这就是典型的精英实干家的立场:创建出色的机制,执行周密的计划,这是最重要的;人际关系根本无足轻重。

可能贝里奇克在开始赢得超级杯之前就软化了态度,或者指挥一支橄榄球队并不违背上面所说的规则,但在当前的商务世界中,达到目标的重要因素之一就是保持良好的人际关系。我们在那些愿意放弃冷漠、改变对待各级员工态度的精英实干家身上看到了巨大的转变。

当戴尔公司的凯文·罗林斯发现他对别人的冷淡态度影响到公司的业绩之后,他接受了挑战。说服他做出这一决定的是1996、1997年他在早期的这些全方位评估中得到的评论:

"凯文就像一台压路机。他总是质疑我所做出的判断。这使得我开始怀疑自己的价值了。"

"他太专制了。他忽视那些同样有才能的人,威胁自己的下级。"

"他不会寻求别人的帮助。他应该花些时间处理人际关系。"

"他在增强大家责任感的时候总是非难别人,于是人们都保持沉默和抵触态度。"

难能可贵的是,凯文在自我评估中承认了自己的缺点:"人们可能感到我们之间太过冷淡、太过机械,没有建立一种理想的、相互信任的人际关系。"

几年以后,他的全方位评估就变成了下面这样:

"他已经很有人情味儿了。他会询问我的家庭情

第六章

况,他真的对我这个人感兴趣了。人们总是对他的才华印象深刻。他未为人所欣赏的地方在于他的热情程度,以及他处理人际关系的方式。"

"他的风格有了巨大改变。因为他听起来已经不再尖刻、恼怒了,人们对于他机敏的看法也不是那么抵触了。大家总是对他的商业才智、战略思维以及推动业务的非凡威力有深深的敬意,但现在他的领导方式好了很多,并因此广受尊重。"

"过去,不管你的观点有多正确,他都会与你争论。现在,他会倾听,会问一些问题,探讨我的想法,然后他会利用我的观点,并与我一起改善我的思考方式。我觉得自己现在更像一个团队成员了。"

"过去我去开会的时候常常想,凯文肯定要指责我没做好工作了。现在他会通过我能接受的方式传达他的观点。我们可以进行良性互动,讨论存在的问题以及该怎样解决这些问题。大家都不会觉得受到了打击。"

凯文的性格从老大脾气转变成了良师益友,他对戴尔公司的成功做出了比从前更大的贡献。现在回顾这些事情,他说,"许多年前我觉得自己在家里、和朋友们在一起的时候是个不错的家伙,我决定在工作中也要做这样的人。我希望获得人们的尊重,而不是惧怕。这使得我获益匪浅,我有了更加令人满意的、质量更高的人际关系,实现目标的路途也更加平坦。"

精英实干家让人精疲力竭

不健康的精英实干家常常会提出不合实际的最后期限，对那些不能快速完成工作的人进行肆无忌惮的指责。你往往会听到一些经理人士被冠以各种绰号、让人笑话和模仿。比如，在一则办公室笑话中，一位经理被说成是"打一巴掌揉三揉"，因为他总是先对别人大加指责，然后却又缓和态度，装模作样地表示对别人的关心。

当感到孤立无援时，人就不会进步成长，这跟实干家所想的完全不同。他们希望通过指导获得最佳效果，但其良好初衷往往由于自身的很难被满足的倾向而受到阻碍；他们的帮助信息往往会淹没在批评的洪流之中。而当人们正为那些苛刻的评论大为恼火之际，是不可能去粗取精的。由于大家都带着抵触情绪工作，甚至可能在准备简历打算另找工作，他们的表现就会止步不前——而这只能增加实干家的不信任感。更加糟糕的是，不健康的精英实干家会看不起那些不能接受批评之词的人。

具有讽刺意味的是，恰恰是精英实干家本人不能正确对待批评。建设性的反馈意见会在他们内部的"国土安全部"引发红色警戒。紧接下来的反应是：冗长的辩解、充斥着事实和数据的长篇大论、微妙的转移视线、意在揪出叛徒的调查举动等。他们会采取精英男性的典型态度，认为那些对自己不满的人都是软弱的、充满敌意的，而实际上那些人只是在实话实说。只有当实干家认识到自身抵触情绪干扰到了

第六章

目标的实现以后,他们才能真正开始倾听善意的反馈意见。

对于不健康的精英男性实干家来说,没什么事情是完全正确的,足够从来是不够的。他们的非凡坚持变成了固执和着魔,他们的崇高奉献精神引发了工作狂。他们从不停下脚步庆祝已经取得的成就,因为害怕会因此失去优势。他们可能会向配偶和医生承诺自己会放慢脚步,但是当压力加大的时候,他们会毫不犹豫地把自己变成事业成就神坛上的祭品。因为他们的座右铭是"我工作,所以我存在",他们通过工作寻找个人价值。对很多实干家来说,即使是休假也意味着要查验很多详细的清单。持续不断的肾上腺素的冲动让他们感到自己还活着,但就像我们在第八章中所看到的那样,这是一个严重的健康问题。

当意识到要撞墙的时候,精英实干家将会悄然转变成受害者的角色。他们不承认麻烦都是自己造成的,而是指责周围的人能力不够,或是上级的要求太高。不过,通常他们的前进速度太快了,连他们自己都觉察不到崩溃的警告讯号——直到团队优秀成员选择离开,或是自己胸部疼痛发作,或是回家发现配偶在准备行李箱。而让事态更糟的是,他们的行为模式太固定了,自尊必须完全依赖不断地取得成就,这使他们惧怕做出必要的改变。

对于精英实干家的同事们来说,不幸的是,实干家的工作狂态度是具有传染性的。因为很难向他们说不,常常留下一大堆很难解决的问题。

当凯特担任 KLA-Tencor 公司主管人力资源事务的

副总裁时,手下有一名叫克里斯滕(Kristen)的业务多面手,这个人后来辞职去了另一家公司。令凯特惊讶的是,这份新的工作只是一份担任收益协调员的小时工——跟克里斯滕三年前在 KT 获得多次快速升职之前的工作一样。但现在,她觉得自己受到了伤害,于是选择了更少的收入、更低的职位、当然也意味着更小的压力。对凯特来说,这是一个启示。因为克里斯滕一直是一位非常出色的员工,凯特在她身上投入了很多心血,向克里斯滕提供了她自认为很重要的:更大的责任以及取得成功的更多机会。但是克里斯滕毕竟不是凯特。而这恰恰是很多精英实干家所做出的错误判断:他们认为所有人都像他们自己那样总是充满前进的动力。

精英女性实干家

跟男性一样,精英女性实干家也极为看重结果和细节。她们也能敏锐地发现问题并找到神奇的解决办法。但是我们也发现了很多男女之间的不同之处。精英男性更倾向于发出具体的指令,而女性则更可能给出一些暗示,让人们有权利按照各自的方式做事。女性也可能管得很细,但她们通常会劝导或说服别人,而不是骚扰和威胁他人。她们也是发现问题者,但是她们更可能通过微妙的,甚至静悄悄的方式表达批评。在《你误会了我》(You Just Don't Understand)一书中,语言学家德博拉·坦嫩(Deborah Tannen)指出,女性管理者会巧妙地包装她们传达的负面反馈信息,而男性通常直

第六章

来直去,直接表达自己的批评。[5]

由于精英女性软化自身信息的倾向,当她们传达清晰的指令信息时,接收指令的人——特别是精英男性——常常认为这只是个建议而已。结果,如果这个指令没有得到遵守,精英女性实干家就可能会变得更强势、更坚持不懈。取决于不同的沟通方式,事态的进一步发展会让别人对她形成偏见——称她为唠叨女人、爱出风头,或者手段强硬。

这些行事作风的细微差别可以使精英女性实干家获得很多支持和赞赏。但如果表现过火的话,同样的优秀品质也会变质。那些会避免麻烦的男性管理者也会面临同样的问题,当然他们中很多人并不是精英。

实干家工具

一位名叫道格(Doug)的网络公司首席运营官是一位看重细节的精英实干家,他精于过程计划、后续行动、事件跟踪以及工作管理。他能充分调动大家的积极性,通过大量的工作步骤完成一个综合性的项目,这种能力与公司首席执行官的工作方式正好互补。首席执行官是一位精英梦想家,他极为擅长找到前进方向并激发大家的热情。当我们为道格进行全方位评估时,我们得到了这些赞美之词:

"他工作态度坚忍不拔,有着一种'我能'的坚定态度,所以他能充分挖掘我们的能力。"

"道格铁面无私，但他知道我们的局限，在资源分配方面非常公平，为每个人都提供了支持。"

"他应用细致入微的项目管理方法，井井有条地运营公司的上上下下，就像一块调试精准的手表。"

别人认为道格值得信赖、很有原则，但即使是超级明星也不是完人，也会有需要完善的地方，道格也不例外。他对于自己的工作安排太过关注，只想着完成所有的工作，而不会停下来考虑什么才是值得去做的。他过于关注工作表现的细节，使得人们常常搞不清他们工作的真正原因。"我们最后只知道按计划行事，却不甚了解我们到底在做什么、为什么要这样做，"一个团队成员说。因此，工作重点常常变来变去，整个团队也不能充分支持道格的意图。像这种缺乏联系沟通的状况在由精英实干家领导的团队中非常典型。从下面这些评论中我们可以发现另一个常见问题："道格相信，只有他自己才能正确进行工作，所以他会分派任务，然后再收回来。但我们却不能从所犯的错误中学到教训。"道格不会轻易表现出对别人价值的赞赏和承认，也具有典型的精英实干家对他人反馈的过敏反应；即使是别人稍有建设性的批评暗示，他也会采取自我保护的姿态。

经过一段时间的调整，道格改变了工作和监督方法，让周围的人有了更多的回旋余地并承担更多的责任。他也学会了给予别人积极的评价，并接受大家提出的批评意见。所有这些使得他能够取得所看重的那些成就——责

第六章

任感、高效率、重过程——并摆脱了精英实干家综合征的负面效应。接下来的部分将帮助你实现同样的目标。

量力而行

想象一下棒球队的经理从被打垮的投球手那里夺过球并站上投球区的情景吧。精英实干家也是这样试图努力弥补别人的错误。他们会超越自己的职责范围，对自己的要求总比对别人还高。下面是常见的结果：精英实干家施加给别人的压力太大；他过高的期望值达不到满足；手下人产生疑问；他失去耐心，羞辱了手下人，指责他们没有更好地完成工作；他自己把工作一肩挑。总之，他一手导致自己陷入精英三角困境——肇事者、受害者和英雄的角色混在一起。

精英实干家热衷成为英雄。就像有些迷路司机不愿停车问路一样，他们也不会停下来求助，而不管自己是否已经不堪重负，因为他们认为不能指望别人。只有他们自己才值得信赖，才能把工作完成好。下面这些是1996年为凯文·罗林斯所做的全方位评论：

"他正变成一个'铁人'，总是试图独自完成所有的工作，尽管他已经不堪重负了。"

"我不知道他是如何保持工作节奏的。他总是非常、非常努力，这真的让我很担心。他还能坚持多久啊？"

按照凯文的观点,"要是他们干不了,就由我来接手好了,因为我喜欢解决问题。我手里有一些权力,所以我能让一切都快速完成。但是过了没多久,我就发现这样下去会要了我的命。"这样做的结果不仅使得凯文受到了伤害,也破坏了被他抢走工作的人的自信心。在发现了精英实干家的这个问题之后,凯文认识到,跟大家展开合作并帮助大家更高效地工作,这样自己的工作也更有效率。

如果你就是一名精英实干家的话,就必须接受自己的局限之处,并学会分配工作的技巧。首先是自己的责任感超过100%时要有清醒的认识。下一步就是让其他人充分分担责任。合理分配可能意味着您需要具有一整套全新的沟通技巧:向别人灌输使命感,让他们充分支持你的行动计划,并让大家在实现预期目标的过程中负起应有的责任。

培养责任感

2004年8月13日,星期五,当天出版的《圣何塞信使报》(*San Jose Mercury News*)某头条新闻的标题是"惠普公司利润大跌,高管下课"(Hp Drops Profit Bombshell, Fires Execs)。[6]那段时间该公司的很多竞争对手的生意都在突飞猛进,而惠普却宣布公司的当季销售量和利润都急剧下降。迪安·高桥(Dean Takahashi)在一篇文章中写道,"惠普总裁卡莉·菲奥里纳(Carly Fiorina)指责因公司内部的一系列失误

第六章

造成了这种不利局面,她认为这是'无法接受的',立即解雇了三名高级主管。"菲奥里纳还把公司一些问题归咎于"整体经济放缓"。

也是在同一天,惠普公司股票价格猛跌了13%,而其主要竞争对手戴尔公司则宣布取得了史无前例的高利润,季度销售增加了20%,利润更是大增29%。当然,同行业中一家公司一帆风顺,而另一家却委靡不振,其中的原因有很多,也很复杂,但其中之一却因卡莉·菲奥里纳对此次危机的反应而凸现出来。她大发雷霆,寻找替罪羊,并在公众面前对他们进行了惩罚。至于她自己可能承担的责任则从来没有承认过。过了不到一年,她也被解雇了。

将这种情况跟迈克尔·戴尔和凯文·罗林斯所说的戴尔公司"别找借口文化"作一对比。有一次,罗林斯宣布公司一个季度的总收入比原先预计的少了几百万美元。正如《纽约时报》(New York Times)的加里·里夫林(Gary Rivlin)所报道的那样,戴尔公司的领导层本可以找一些借口或貌似合理的解释:尽管没有达到预期,那个季度的利润实际上还是增长了28%;过去的几个月里,个人电脑行业的整体价格一直在下跌;主宰市场的大公司总是很难增加收入。但是刚担任首席执行官才一年的凯文并没有找这些以及其他一些理由,而是进行了自我批评。"我们对公司总体销售价格的管理非常糟糕,"他告诉分析家。[7]作为咨询顾问,我们曾在2000年目睹了一个类似的时期,当时该公司遭遇了多年未见的最差季度表现。但迈克尔和凯文都没有指责那些未能实现财政目标的业务部门经理,他们认为责任在自己身上,是自己错误制定了那些目标。他们这种自我批评的态度让整个公司上下都充满了负责任的精神。

负责任的工作态度能够塑造归属意识、奉献精神以及果断的行动;而不负责任的工作态度则会导致追究过错、自我开脱、困惑和无助。培养负责任的工作态度的最好方法就是以身作则。你是如何面对挫折的?你是用手指着别人批评,还是会问:"我是如何导致了这种局面的?"你会抱怨那些不归你管的事情,还是努力把自己职责范围之内的事情做好?如果是前者,那么你正陷入精英实干家的陷阱,在自身之外寻找问题的根源。真正负责任的实干家的口号是"去承担,而不是推卸"。

所以,要养成自我反省的习惯,仔细检查自己是如何导致出现任何差错的,并且要公开坦然。问问你的同事们,"我是不是该把我的要求说得更清楚一些?我是不是该多做点什么,以便帮助你理解你的任务?"(图6—1列出了其他一些可以用来检测自己负责任态度的问题。)对于你的问题,员工们可能会非常惊讶,你可能得等一等,然后他们才能缓过劲来,但是一旦他们意识到你是真心诚意的,就会追随你的领导,并更加愿意承认所犯的错误。责任精神是可以感染别人的。

第六章

图 6—1　可以激发负责精神的问题

当结果没有达到你的预期时,向自己问下面这些问题:
- 我是不是一而再、再而三地遇到这个问题?
- 我的态度和行为是如何导致这种局面的?
- 我以前是如何看待这种形势的?
- 我的工作安排是不是不够科学?
- 有没有曾想过跟别人沟通、最终却没有沟通的问题?
- 我是否破坏或忘记了某些共识?
- 目前的这种局面是不是遇到过?
- 我能从这种情势中学到什么?

培养主动负责的精神:下面这些步骤将帮助你建立更加透明、直率的工作关系,从而培养负责任的精神。

1. 请求,而不是命令。

请求可以催生创造力和合作精神,而命令则会导致妥协或反抗。要避免沟通失误,就要进行清晰、直率的请求。照下面说的做:

- 把你想让别人做的事情说清楚:"简,你能牵头制订一个项目计划图吗?"
- 说明请求的理由:"我们需要明确的时间规划,以便使整个项目井井有条。"
- 告知完成工作的时间框架:"我希望周五的时候能在我的办公桌上看到结果。"

2．确保你得到明确的答复。

答复应该符合下列条件中的某一项：

- 接受："我很高兴为您效劳。"
- 拒绝："抱歉，我不能为您效劳。"
- 反向要求："我可以按时完成这项工作，但那样就得重新安排一次客户访问了。"
- 讨价还价："周五不行，下周一怎么样？"

应该允许别人在不能满足你的要求的情况下，诚恳地说"不"或者提出反向要求。与其接受一个会埋下隐患的"同意"，还不如制订一个更加实际的行动计划。

3．达成清楚的、不含糊的共识。

清楚的共识可以带来凝聚力；凝聚力是奉献精神的核心所在；而奉献精神又是执行力的基石。下面是几个要素：

- 不要盲从。达成共识比遵守共识要容易得多。
- 建立透明度。不要认为所有人都听到了同样的要求。用明确、无误的语言把共识要点说清楚。
- 落到纸面上。发送一封电子邮件，把你同意的事情说清楚。

4．如果你不能遵守协议，就重新谈判。

如果你需要更改一项共识，那就先深吸一口气，把事实说清楚，努力达成双赢的结果。

5．迅速补救破裂的共识。

如果你或者别人违反了协议，应该完全承认已经发生的事情，并立即找到问题的根源。

第六章

进行坦率的谈话和反馈

我们已经看清了充分承担自己责任的重要性。而让其他人负起他们的责任同样重要。关键是要有反馈,而反馈信息则是要进行直接、坦率,但又讲技巧的交流。精英实干家非常善于前两项,对他们来说,技巧常常是不知从何说起。他们会极力地向别人灌输自己的观点,人们觉得简直受到了支配和威胁。不要这样,应该尝试着把担心表达出来,要促使别人提升自信和对你的信任,而不是破坏这种自信和信任。这真的非常简单。图6—2列出了一些基本要素。

图6—2 反馈的艺术

---

1. **问问别人是否愿意听取你的反馈。** 这将有利于建立开放的学习态度,而不仅仅是服从。
2. **讲清事实。** 如实叙述你所看到的情况,尽量客观地描述具体的行为和结果。
3. **描述你的反应,使用"我"开头的叙述。** 集中在你的经历上,把你的看法与看到的事实分开。
4. **明确自己的贡献。** 看看你曾对问题的解决做出何种贡献,并表明自己愿意负责的态度。
5. **当别人有反应时要仔细倾听。** 不要试图让别人认为只有你自己的观点才是正确的。目标是共同学习,而不是赢得辩论。如果他变得自我保护,你应该保持好奇心和开放的态度,你自己不要也变得自我保护。
6. **做出请求。** 清楚表明你希望别人将来做的事情。
7. **你的请求应得到明确答复。** 如果你不能得到明确反馈,那就继续努力,直到达成共识为止。
8. **接受变化。** 把你的计划和想法变成行动。

以正确的方式进行反馈是一回事,而你说什么以及何时说则是另一回事。关键要有连贯性。在 C. W. 迈斯特费尔德(C. W. Meisterfeld)和欧内斯特·佩奇(Ernest Pecci)的著作《狗与人的行为》(*Dog and Human Behavior*)中,他们描述了一个实验,一个笼子均分为两部分,一部分是空的,另一部分则放了一窝实验鼠。只要轻微晃动笼子,老鼠就会迅速跑到安全地带。"只要一直是这样,老鼠看起来是能够适应这种变化的,"作者在书中写道,"但是,如果晃动突然变得很不规律,老鼠很快就会无助地挤在角落里,慢慢地会无视晃动。"[8] 而精英实干家总是做出一些不连贯的反馈,把人逼得和那些老鼠一样。员工需要了解规则。如果你不能前后行为一致,他们就会纳闷,怎样才能让你满意。这样做的效果肯定会很差,与在明确统一的工作标准基础上做事大相径庭。

学习积极强化的艺术

修正行为很简单;如果我们的行为得到了回报,我们就还会那样做;如果行为带来了痛苦或惩罚,我们就会避免重复类似行为。精英实干家几乎总是专注于第二种强化形式;他们会抓住错误的行为或尝试,并用惩罚措施加以禁止。这里是关于某位实干家的全方位评论:

> "马丁(Martin)很难给别人正面的评价。他总是用'但是'结束每一句话。我们常说的笑话就是,只有30秒的高兴时间。"

> "他不满意别人的表现,所以他总是举起大棒。我

第六章

觉得,我在之前的工作中都能达到老板的要求。这份工作是个例外。"

"他会关注工作中有什么问题,我们也不会掩盖问题,这很不错。但是,如果他也能发现我的进步就好了。"

"当一个和马丁共同参加的会议结束时,对于一些工作上的问题,我会有不同的看法。我觉得自己受到了质疑,这让我感觉很糟糕。"

精英实干家看重竞争力,他们认为赞扬会让人失去优势或者坐享其成。根据我们的估计,他们的评论中90%以上都是批评性的。结果是积极性遭到了双重打击,因为(1)积极行为没有得到强化,(2)人们把没有得到认同当作惩罚。结果人们不会更加努力的工作,而是会想,"干吗要费这劲呢?"

"建设性批评"可能是完全毁灭性的,精英实干家经常在大肆批评之后发现这一点。看看这份研究的结果:让一组人做猜谜测试,然后告诉他们表现糟糕,那么他们在下一次测试中的表现会更差;如果告诉他们表现很好,那么即使他们表现实际并不好,他们在接下来测试中的表现也会大大改观。很明显,如果进步是你的目标,赞赏应该是你采取的措施。得失比例令人印象深刻:你能想到的事情有多少只会花去一两分钟、却会让每一个参与者感觉很棒、并带来一连串正面结果,而你几乎什么也没有付出呢?[9]

精英实干家经常告诉我们,他们希望在纠正性反馈与正面评价之间找到平衡点,但他们不知道该怎么办。基本答案是：尝试各种手段，只要是真诚的就行。如果那个人的表现继续保持良好状态，那就能够说明你的强化措施奏效了。如果不是的话，就换一种方法。但不要无所作为。这里是一些具体建议：

寻找赞赏目标。养成发现并赞扬某事的习惯。一旦你转变了关注焦点，你就会惊讶于自己所发现的目标之多——这对你和你周围的人都有影响。

赞赏应该与行为表现相符合。不吝赞美之词固然重要，同时还应该确保赞美与工作的实际表现相匹配才行。如果你把分内之事与出色表现混为一谈，那这二者都会受到不良影响。

不要混淆信息。即使是在表示赞扬的时候，精英男性实干家也习惯于纠正一些错误。既然说了"做得不错"，就不要再加上一句"下次试着这么做"或是"要是你这样做的话就会更加出色"。这样的话语听上去跟批评没什么两样。

做个有心人。你可能认为有时候自己已经给出了赞赏信息，可实际上却没有。我们曾在几个月中花了近40个小时与一位实干家共事，却搞不清楚他是否觉得我们的训练有效。如果我们问他，他会一愣，说，"当然，我受益匪浅。不然我为什么花这么多时间跟你们在一起呢？"对他来说很明白的事情，对我们来说却不是这样。我们指出，如果连我们这些顾问都感觉不到受到赞赏，那他的团队很可能就更不确定是否受到赞赏了。所以，不要等到出现这样的呼声才发现问

第六章

题。直面问题,你的雇员不会去想"没解雇我,就得赞赏我。"他们只需要听到你的声音,仅仅说"干得不错"通常是不够的。

把这项工作系统化。精英男性实干家通常很擅长这项工作:创建一个系统。为团队的每个成员都建立一份赞赏档案。每次你发现某人身上的新价值或更优秀的工作表现时,就在他们的档案上加一笔。然后,在一个合适的时间,把你的发现跟对方交流一下。要按时更新你的档案,并经常查看,那样你就总能准备好表达对别人的赞扬了。

如何与精英实干家共事

与精英实干家共事时,很重要的一点是要有清晰的、毫不含糊的共识。有针对性地提出问题,弄清他们的意图,还要确保他们希望你处理的那些细节问题说得非常明确。不要留下任何发挥想象的空间,包括你自己的请求。一旦你认为已经达成了一项共识,要把你的理解明白无误地跟对方交流,并且一直要保存书面或电子邮件的工作过程,在与那些极其缺乏耐心去当面讨论这些问题的实干家共事时尤其要这样。

最重要的是,要让你自己具有高度的负责精神。当你受到一个不耐烦的、充满控制欲的家伙的影响时,你很容易会把自己放在受害者的角色上。无论不健康的精英实干家多么具有强迫性,也不管他如何吹毛求疵地跟你争论,你都不要让他转变成一个肇事者。摆脱实干家压力的最好方法就是弄清他们所想要的,并负责任地、出色地完成你的工作。如果你能把精英实干家视为老师,你将获益匪浅。

上面那些都是跟精英实干家共事时一些"要做"的事情。这里还有一个重要的"不要":不要试图向他们做出保证。在他们眼中,"相信我"意味着"最好注意这个人","别担心"则意味着"小心,前面有危险"。如果你想促使精英实干家采取妄想狂式的、强迫性的细节管理的话,那就说一些模糊的评论,比如说"我会处理好这件事的",却不给出一个清晰的计划、具体的看法,也没有表示你接下来会全情投入这项工作。结果将与你所想的恰恰相反;实干家不但不会松一口气,反而会变得更加警惕。

所以不要给他一些空洞的承诺,而应该仔细倾听他的担忧,问一些具体的问题,并搞清楚他为何担心你不能实现承诺。然后给他实实在在的理由,让他根本不必担心。提供关于你的行动计划和最新进展的具体细节。不要等着他来问最新工作进度,你应该主动找他,并与他进行定期的交流。记住,精英实干家并不一定总想要控制你;他们只是想知道你在控制之中。

我们对于四种精英人士类型的研究就到此为止。现在,你应该已经了解自己所属类型的优点以及问题,以及你的特质对于你领导风格的影响。对于那些与你共事的精英人士,你也应该有了更清楚的认识。下一章中,我们将研究,当精英男性被放到一个团队之后会发生什么事。

第六章

行动步骤

如果你是精英实干家:

- 主动承担责任,别指责别人;自己要负责,也要让别人负责。
- 学会塑造——并示范——责任感的艺术。
- 不要把鲁莽与直率混为一谈;说明情况,但不要强迫别人。
- 要请求,而不是命令。进行明确、不含糊的请求。
- 在建设性的反馈意见和赞赏之间取得平衡。
- 学会帮助别人:如果你能教导别人而不是一人专制,那你会事半功倍。

如果你与精英实干家共事:

- 远离受害者的角色。
- 对自己职责范围内的事情要100%负责。
- 不要认为批评是针对你个人的,不要因此变得自我保护。
- 不要忙于解释和许诺;这样反而会引发实干家的监督行为。
- 关注你能从他的反馈中学到什么,别管他用了什么方式来表达意见。
- 采取措施防止你自己受到伤害。

第七章　精英男性团队

——谁都想当老大的俱乐部

有些团队整体表现大大超过每一个团队成员相加的总和,你可以在一场女子篮球比赛中见识到这一点。要想看看精英驱动的团队是如何运作的,电视真人秀节目《飞黄腾达》(The Apprentice)恰巧展示了这一点。就像很多现实生活中的领导者一样,节目中也大讲团队合作,但实际却很少遵守。相反,从节目中可以体会到的是地产大亨唐纳德·特朗普(Donald Trump)所倡导的丛林法则。个人主义盛行,割喉式竞争屡见不鲜,人人都想当第一。团队成员受到相互争夺统治地位的重重激励,冲突斗争不仅没人见怪,反而会受到好评,甚至是怂恿。此节目奉行的是"赢者全得"哲学,这确实很有娱乐性,但在当前的复杂环境中,合作精神和团结共事确实是必需的,节目所反映的工作环境显然不适用于普遍状况。[1]

第七章

马里兰州立大学罗伯特·史密斯商学院的亨利·西姆斯（Henry P. Sims）教授曾在领导力课程的总评分上给了特朗普一个D，他特别谈到了《飞黄腾达》节目中一位参赛者因带领其团队在前一场比赛中赢得胜利而获得了豁免权，使其在本场比赛可以不被踢出局，但他最终放弃了这一权利。[2]他本来以为自己的这种姿态能够激发团队精神。也许可以吧，但是尽管如此这次他的团队还是输掉了。这位候选人会因其无私行为得到回报吗？没门！"你出局了！"特朗普说，还批评这个年轻人是个"懦夫"。而特朗普的反应在现实生活中会怎么样呢？西姆斯说，那样做是"一种疯狂举动"，因为"将大团队置于个人利益之上是大多数商业竞争的成功之匙"。[3]

《飞黄腾达》充分证明了当精英们胡作非为的时候，整个团队也会跟着倒大霉。这种综合征涉及下面这些因素：

- 精英男性将自己视为重要角色，能通过驱使和指挥行为，而不是合作和协商影响别人。他们没想到自己的战场指挥官作风也许在真正的战争中会起作用，但其实军事策略的制订实际上也体现了合作精神，就像商业机构所必需的那样。
- 很多精英男性在年轻时都是运动队的明星队员，长大成人以后，他们也在试图重寻这种飘飘然的感觉。健康的精英人士明白，只有团队获胜，真正的明星才能更加闪亮，而有的人则只知道抱着球乱跑，把自己置于团队之上。
- 作为团队领导者，精英男性习惯于凌驾于他人之上。

对话总是由他们开启,从头到尾都与其他成员之间毫无互动。
- 很多由精英男性主导的团队都会出现分裂,谈话者和施加影响者属于一边,而沉默者和被影响者则属于另一方。精英们操控了团队的能量,从而抹杀了那些沉默寡言者的贡献。
- 由于精英男性的出色表现和个人魅力,他们经常能吸引别人加入他们的团队。但是由于总是想占据统治地位,他们很难加入其他领导者的团队。

能成为——或不能成为团队成员的精英男性

"多数公司都不曾充分挖掘团队内部的人才潜能,"孟山都公司前任主席兼首席执行官罗伯特·夏皮罗(Robert Shapiro)曾告诉我们,"如果你希望人们在工作中再提高30%的工作效率,不是按照以前的提高方式,让他们更努力或更聪明地工作,而是让他们在团队合作时提高30%的效率,那么你的公司将在所属行业中遥遥领先。"[4]

正如夏皮罗所指出的那样,一个运转良好的团队可以产出比个体总和多得多的成果。不过,他还补充说,"在我与他人共事的这些年里,我曾注意到,很多人作为个体都非常优秀,但如果你把四个这样的人放在一起,你最终得到的成果很可能并不比四人之和多。甚至1+1+1+1的结果不等于4。你可能只得到2.5,幸运的话,你能得到3。这里要求的并不是更多的努力,而是一种彼此合作的全新工作方式。"

第七章

而当团队成员都是精英男性时，团队的无限潜能和巨大挑战都将大增。每一个体育爱好者都知道，如果一支队伍的成员都是些自私自利的超级明星，那这样的队伍并非不可战胜，而如果一支队伍的成员都以自我为中心，那这样的队伍最终会自毁长城。同样地，如果一个团队的成员都是以集体利益优先的精英，那这个团队将创造奇迹，而一群不健康的精英人士放在一起只能自我毁灭。

我们有过一位客户，是一家高科技公司负责产品服务领域的副总裁。他和我们谈起公司里的一位同事。那位同事主导了所有的团队互动。"人们都在抱怨，"他告诉我们，"吉姆(Jim)总是说个不停，别人都插不上嘴。"

"那你在跟他谈到这个问题时，他怎么说？"我们问。

这位副总裁有点为难了。他从未跟吉姆谈起过这个问题。我们还发现，他自己在会议中的表现使得问题更加复杂化。他总是很注意吉姆的意见，总是问吉姆问题，对吉姆讲的笑话发笑——和团队其他成员一样。其他人也不会试图插话的。所以，这位副总裁和整个团队每一次都强化了吉姆的统治力。

像这样的情景在拥有强势精英男性的团体中很常见。精英们喜欢掌控一切，其他的团队成员要按他们的规则行事，要注意他们所说的话，而不是听别人的话。如果再来几个像吉姆这样的人，你就会听到不和谐的声音，其他所有人的声音都将被淹没。

精英优势怎么成了团队弱点

　　精英男性的统治欲可能会激发团队成员,带来创造性的讨论,并把效率提高到新的高度。但同样是精英,也可能因为不耐烦的、过于主观的自私行为破坏团队和谐。无论团队的结构是"自上而下",有一位最高领导者,还是"扁平结构",大家都是同事,这两种情况下都会产生一种潜在的等级架构,那些最强势的精英们主导了议事日程,掌握着发言权,即使他们并非真正的最高领导。他们利用自己的语言武器,把其他人的声音都压下去,从来不去想自己是否错过了什么东西。他们自认为那些不说话的人就是无话可说,但实际上,没说话的人所掌握的信息具有巨大价值,只是觉得受到威胁,不敢开口说话。

　　那些关心自己的团队、明白团队成员需要的精英男性更受欢迎,你愿意与他们共渡难关。他们会解除你的后顾之忧,为了共同的目的甘冒风险,为了帮助团队获胜,他们可以付出一切。因为他们从不在冲突面前退缩,他们确保不同意见能公开出来,相反的观点得以表达。与此相反,当精英男性将个人机会主义置于团队共同目标之上,团队的凝聚力、互信和团结就会荡然无存。因为精英们把自己的队友视为竞争对手,那么内部斗争就会频繁发生。

　　健康的精英男性非常自信,他们能让别人很容易地接受建议,并愉快地加以执行。但是如果碰上傲慢的精英男性,

第七章

那么同样的特征可能就会让别人疏远。不健康的精英人士会固步自封,拒绝接受与自己观点相左的看法。当形势发展不妙时,他们就会批评队友或组织中的其他成员,保护自己的声誉。精英男性的自信心非常强烈,他甚至可能把自己的一些并不真实的感觉介绍给别人,就像这些想法曾经在科学期刊上发表过一样,这样整个团队就会受到他的误导。凯特曾经训练过一名精英男性,这个人曾被问到一个关于新技术的问题。"我不了解这个,"他回答说,"但我有个观点。"接着介绍了他的观点,听起来就像是经过深思熟虑、逻辑性很强的样子。凯特问他到底有没有收集事实证据,他带着自豪的表情说:"根本不需要。"

以团队利益为重的精英男性尊重他人的观点,即使他们实际上也许并不赞同。为了延展团队合作,他们会公开自己的反对意见,并让自己的观点接受大家的评判。另一方面,自私的精英则会使用语言技巧歪曲事实和批评别人。他们擅长冷嘲热讽,批评起人来一点余地都不留。这样做的结果就是,团队的能量耗尽了,那些弱势团队成员闭口不言,尽管他们实际上可能有着最好的观点。

表7—1 总结了队伍中拥有精英男性的优缺点。

表7—1 当精英男性的优点变成团队的缺陷

精英特质	对团队的积极意义	对团队的风险
表现出众,使命感强	激发能量;促使所有人一起向前,协调行动	专注于夸夸其谈;不能吸收他人意见;使自己和别人都精疲力竭

自信心强,勇于负责	负责组织会议;激发能引至基础结果的讨论;促使团队采取行动	让别人无话可说;自己占据了太多空间;不屑于进行头脑风暴;如果决策推迟,会批评领导
信念坚定	让别人觉得值得信赖;看法令人信服;让大家很容易听取他的建议	受到挑战时固步自封;开会时对自己的观点长篇大论,不顾及他人感受
持之以恒,有决心	喜欢面对巨大挑战;克服困难;愿意站在少数派的立场上实现目标	给别人的压力太大,压制了不同看法;以为自己可以不受规则的制约
有竞争力,好胜心强	体现了争胜的强烈愿望;促使团队达到目标	变得过于争强好胜;导致团队内部冲突,而不是一致对外
不会害怕冲突	把分歧公之于众;确保观点都能得到辩论;促成找到解决问题的方法和工作的完成	导致争执;引发非赢即输的局面;导致不信任
坦白直率	提出创造性看法与认识,与团队成员建立开放的关系	过于激烈地批评别人,还自以为是直率;压抑那些少言寡语的同事
聪明、有创造力的思想者	提出各种不同的观点	提出太多观点,团队无法全部接受;导致别人盲从,而不是创新

精英男性搏击俱乐部

将一群健康精英男性组织到一起,然后到一旁观看。你会发现,他们能点石成金,挖掘出精彩的主意和让人流

第七章

口水的计划。而不健康的精英男性凑到一起,你就会目睹一场灾难。他们不会借助彼此的观点,而是互相争夺,看谁的观点成为主导。他们不去努力为了团队利益寻找解决问题的方法,而是封闭思想,分裂成彼此斗争的派系。有些精英团队会争论到底哪些事项需要首先进行集中讨论。而对有些人来说,脑中根本没有答案。不健康的精英男性总是为了争斗而争斗。不管是在会议室中,还是一场壁球友谊赛中,他们都喜欢那种在争斗中肾上腺素升高的感觉,就像在走上拳击台前就坚信自己能够夺冠的拳击手一样。

商场如赛场,内部的争斗有时候确实会产生使队伍团结起来应对共同敌人的作用。纽约扬基队老板乔治·斯泰因布里纳(George Steinbrenner)曾经说过,球队赢球在重要性上仅次于呼吸,他把一支太过安静的球队比做一艘停在静海上的船,"你哪儿也去不了。"他更希望队中"有那么一点麻烦"。有些人可能会说,球队所取得的无与匹比的成功证实了他的观点;但另外也有人认为,(1)在职业体育中,用于追逐天才球员的巨额预算与精英男性所带来的问题相抵消,(2)扬基棒球队最辉煌的阶段还是在"老板"闭嘴、专家主事的时候。而且,会议室毕竟不是更衣室;在商业领域,过度的内部争斗会破坏团队合作关系,并使那些未参与争斗的成员失去对团队的信任与尊重。

最重要的是,那些优秀的方案成了团队内部地位之争的牺牲品。精英们会像守门员力保球门那样捍卫自己的立场,这时候那些创造性的互动早就被抛到了九霄云外。对很多精英男性来说,双赢局面要么水到渠成,要么根本没戏。如果不能按照自己的方式行事,他们不是三心二意,就是干脆甩手不干。他们根本不懂妥协与合作之间的关系。妥协肯定意味着放弃某些东西,但合作则有神秘的魔力,让团队成员相互借鉴对方的观点,并把不同的选项联系起来。通过合作关系实现的结果会大为不同,更接近理想状态,完全区别于在两种不完善或不合适的选项中做出的抉择。

精英男性群体开始时往往还具有良性竞争的品质,但慢慢地却会偏离轨道,把原本良性的争论转变成殊死之争。他们会在辩论中不惜大动干戈,直击对方的要害,毫不留情。所有团队成员都应该明白,不管是主动找麻烦,还是有后路可退,都会造成更多问题和麻烦。竞争关系可以成为促进学习和创新的催化剂,但也有可能造成时间和能量的巨大浪费。它经常会导致团队隐患的逐渐累积。(请看下文"团队隐患如何累积"。)这些症状包括交流障碍、广泛流传的不信任、拒绝变革、持续紧张等等。

团队隐患如何累积

在精英主导的团队中,肇事者、受害者、英雄都在各种各样的精英三角关系中扮演着各自的角色。这里是三个典型场景:

隐患场景1 格伦(Glenn)经过努力的工作,准备好了

第七章

一份报告,他很自信地认为团队关键成员们都会赞同他的观点。结果他的报告被那些过分自信的精英男性肇事者所打断,那些人把他的观点像一只感恩节的火鸡那样拆解。格伦非常尴尬,很没面子,也很无助,他这个受害者于是不再跟别人分享自己的观点。随着不满情绪的累积,他对于团队的贡献越来越少。这时候该是那些英雄们来收拾烂摊子的时候了。

隐患场景2　在一个会议上,戴夫(Dave)认为弗兰克(Frank)的观点根本不切题。但由于弗兰克是个精英男性,会严厉反驳别人的不同意见,所以戴夫出于担忧没有发表自己的看法。戴夫选择保留意见,但他却觉得自己好像是被迫这样做的——这是一种典型的受害者心理。最终,发泄的需要占据了上风,戴夫在背后表达了对弗兰克的不满。潜在的问题没有解决,局面却愈发紧张。为了解释这种局面,弗兰克编造了另一个故事,在这里他成了受害者,而戴夫成了肇事者。他们之间的工作关系更加恶化,不久以后这种不良现象又波及了其他人,这些人也都扮演了不同精英三角关系中的三个不同角色。

隐患场景3　马特(Matt)并不同意阿尔(Al)的观点。但是,由于害怕会引发那些支持阿尔的精英男性的愤怒,马特用比较低调的方式陈述了自己的观点,隐藏了他看法中尖锐之处。领导做出了马特并不赞同的决定。会后他觉得自己就像个受害者一样,于是他又在私下把自己的观点充分地介绍给了领导,而领导接下来采纳了马特的意见。在下一次开会时,领导又宣布了新的决定。阿尔觉得自己受到了暗算和背叛,他这个新的受害者觉得到处都是肇事者,于是行事更加小心谨慎。终于有一天,他当了英雄,不声不响地拯救了大家。团队其他成员于是怀疑以前的决定都是暗箱操作。结果呢?浪费了时间,耽误了工作,更改了决策,工作效率低下,代价更加高昂,团队成员间的不信任感与日俱增。

很不幸的是,相当多的精英男性领导者都热衷于钩心斗角,他们不是及时吹哨喊停,带领团队向更有希望的方向前进,而是火上浇油,让争斗无止无休。

如何塑造高效团队

组织精英主导的团队一起共事,并形成高度的凝聚力,是一项巨大的挑战,但是回报也是很丰厚的。

表7—2描述了在精英男性实现了与团队成员进行健康互动前后的差别。左边的两栏描述了不健康的精英行为及其结果;而右边的两栏则描述了有着高效交流技巧的健康互动。正如你在这个表中所看到的,向你自己提出如下问题:

- 你的团队目前的状态与你的期望有什么不一样吗?
- 什么样的技巧才能帮助你提升团队的表现呢?
- 你会采取哪些措施来发展这些技巧?
- 你如何评判自己的进步?

第七章

表7—2 健康的精英团队领导与不健康的精英团队领导

不健康的精英男性领导	对团队行为的影响	健康的精英男性领导	对团队行为的影响
凌驾于别人之上；缺乏耐心；造成过多紧张局面	团队成员要么太好胜，要么太被动	驱动力强，但是能分配好任务，塑造个人和团队责任精神	团队更有力量；保持共识获得高度认可
发号施令，垄断决策权	很多团队成员遭到冷落；领导者只按自己的日程行事	跟团队就存在的问题与决策进行对话；主动征求并听取团队成员的意见	团队公开对话，更有创造力，更高效地解决问题
独断专行，控制每一项改变	团队处处被动，充满抵触情绪，缺乏责任精神，难以进行变革	在筹划变革时让整个团队参与；促进更加顺畅的团队合作	团队积极面对变革；成员们都积极参与，更加灵活，更有效率
期望值不切实际；自以为是；固执己见、过于苛刻	团队成员变得自我保护，消极发表意见；大家都不想倾听彼此的心声	给出建设性的反馈意见和积极的强化措施；给予团队必要的指导和监督	直率沟通；高度互信；人们乐于接受推动项目前进的想法
利用竞争和冲突弄清谁能占据上风	团队成员互相竞争，幕后操控；合作精神缺乏	利用良性辩论促进问题的解决；鼓励创新	团队成员就事论事，而不是针对个人；促进大家找到最好的想法
掩盖自己的弱点和短处；不承认错误	团队成员都仿效领导者，歪曲事实，制造假象；不能发现真相	承认错误，公开表达推进项目发展的需要	团队诚实沟通，从错误中吸取教训，展现高度互信
隐藏个人情感，忽视他人感受	团队不顾及个人情感，人际关系很肤浅；派系林立	注重个人情感；看重人情味；赋予团队更多能量	团队成员间的人际交往更密切，形成一种建设性的人际关系。

做事要分清主次

对所有人来说，非常重要的一点就是要把团队的利益置于个人利益之上——并让每一个人都肩负起这种使命。这就要求很多精英男性违背自身意愿行事，比如让大家品评他们的观点、跟那些他们视为对手的人谈论工作，或者把那些表现出色的员工当作集体资源，而不是他们的个人财产。但是这一点是可以实现的。就像那些有矛盾的士兵也可以并肩作战，共同对敌一样，商业领域的竞争者也可以放弃争名夺利，共同奋斗，实现那些单独无法实现的目标。这里的关键是要始终把团队价值理念和集体目标作为出发点。下面是凯特所讲的一次经历：

> 在非洲塞伦盖蒂大平原，旅游者常常会看到令人瞠目结舌的景象，那就是狮子、斑马、羚羊和猎豹都聚集到同一个水塘河水，这些动物为了缓解口渴的感觉，把原来的猎手—猎物关系暂时搁置在了一边。同样让我受到启发的是，来自六家大型半导体公司及其七家主要销售商的高管们能够一起共事，解决一个共同的困难。
>
> 20世纪90年代，半导体行业面临着主要是来自日本同行的巨大挑战，美国国内那些本来是竞争对手的公司不得不展开合作，降低生产成本，提高生产效率。它们的目的是要创立供应商与销售商之间数据交换的行业标准。当时，参与其中的一些公司卷入了有争议的法律诉讼案件中。而其他一些公司之间则完全缺乏互信。

第七章

在第一个全天会议期间,一名精英男性高管总结了当时的紧张气氛:"努力建立合作关系当然是件好事儿,但是我不得不说的实话是,我想明天就杀掉你们中的一些人。"另一位同样强悍的精英则更有远见地说,"人就是人,法律诉讼是在公司之间的。我们仍然有着同样的目标。"

这些出色、能干的领导者们争论了该使用何种语言、生成何种数据、如何陈述数据等一系列问题。但是每一项争议都有一个前提:达成共识以符合这个行业的最佳利益,使每个公司都能从中受益。最终,他们制定了一种调查工具,从而促进了整个行业的进步。

努力增进相互了解

很多团队一遇到困难就难以保持团结,甚至四分五裂,原因之一在于团队成员并没有真正地相互了解。由精英男性主导的团队内部成员很可能彼此之间并不熟悉,因为他们中很多人只会在看到明显个人利益的情况下才会进行合作。他们会跟客户一起打高尔夫,或是跟能帮助自己的人喝啤酒,但是他们认为跟同事一起活动纯属浪费时间,甚至是一个潜在的阿喀琉斯之踵。别忘了,跟一个竞争者做朋友可能会让对方了解你的弱点。

如果你真的有兴趣领导一支将胜利置于个人风光之上的"梦之队",那就应该相信人际联系的魔力。我们曾经无数次看到它点石成金。有一次,凯特曾经和明导国际公司(Mentor Graphics)的一个团队一起参加了在俄勒冈州森林里举行的一次户外会议活动。这个团体每天早上都会在一起研究长远的业务问题,然后到了下午就一起去远足。一天吃晚饭的时候,队伍讨论了第二天到斯奈克河(River Snake)上进行五级专业漂流(Class V rapids)的计划。就在其他人都在谈论着激动人心的探险活动时,有一个叫特德(Ted)的人却在那儿一言不发。他的脸色变得很难看。凯特注意到他的不适情况,就问他对木筏漂流之旅有什么看法。特德深吸了一口气,然后长叹一声。"我4岁时,有一次差点淹死,"他说,"那是我最初的记忆,想想都觉得害怕。从那以后,我就再也没下过水。"

那他为什么不告诉别人呢?"当做出漂流决定的时候,我正在旅行中,"他说,"听到这个消息,我吓坏了,但是大家都很激动,所以我就没说什么。"他停了一下,然后又说出了一句惊人之语,"这就是我在这个队伍里的感觉:我好像无足轻重。"

他的诚恳直率产生了强有力的影响。为了不把特德一个人落下,队伍决定取消这次河中漂流行动,但是特德坚持要按原计划行事,于是凯特就让队员们想想办法,看怎样才能让特德感到放心。最后的决定是由队伍里两个游泳最好的人始终陪在他身边。

第二天,团队一起进行了漂流活动,最终安全到达了目的地河岸,没人落水,大家都高兴极了。因为特德表现得非

第七章

常勇敢,把他内心的恐惧告诉了大家,而不是在最后一分钟退缩或者自食其言——那样的话他在关键时刻的恐慌可能导致一场灾难发生。结果,他们的户外工作达到了一个相当高的水准。后来,特德成为这个集体中一个强有力的成员,这个团队非常高效地共事了几十年。

共同支持强有力的共识

在有强势精英男性的队伍里,可能没有什么能比确立团队互动管理原则更有助于加强队伍的凝聚力和互信了。共识就是一个基准点,让所有人都记住他们的最高目标。当出现紧张局面时,他们也提供了一个纠错机制;指出别人违背了共识并不太可能引发别人的自我保护,这样做比说你不喜欢他们的做法更好。

在制定共识时,应注意下面这些重要事项:

反馈与学习
- 我们同意对反馈和互相学习持开放态度吗?
- 集体中的所有人都同意向他人提供反馈吗?
- 我们需要对反馈的内容、方式和时机进行限制吗?
- 在应对批评性反馈时,我们需要同意遵循什么样的指导方针?

良性、富有成效的辩论
- 当出现不同意见时,我们该如何行事?
- 我们该遵循怎样的高效倾听指导原则?

关系紧张
- 我们应该确定冲突解决程序吗？
- 有无我们希望禁止的行为？

负责精神
- 集体如何执行这些共识？
- 如果发现有人已经违背了某项共识，我们应该怎么办？

让他们接受 360 度评估

在一个运转良好的团队中，每一个团队成员都完全清楚他或她是如何影响集体的，所有人都愿意改变那些会导致消极影响的行为。对精英男性来说，问题的关键在于他们总想占据支配地位，以及与同事展开竞争。其他团队成员必须知道该如何对强势精英的存在做出反应，切忌缩手缩脚、消极怠工以及逆来顺受。为了塑造必需的自我意识，我们强烈建议所有人都进行完整的 360 度评估，并把评估结果与团队分享。对很多精英男性来说，360 度评估使他们第一次有机会了解同事们如何看待自己，以及自己对团队有何影响。在很多情况下，评估的结果恰恰显示了他们需要改善的地方，以激发变革。而积极的结果可以在整个群体、部门和公司内部引发一连串积极影响。

2004 年夏天，KLA-Tencor（KT）公司首席执行官肯·施罗德宣布他将在大约两年内退休。几个月以后，众人假定的接班人也离开了这家公司，肯还宣布公司进行大规模改组。

第七章

　　这些大动作的一个原因就是要看公司的四位最高主管在新岗位上将有怎样的表现。肯特意宣布,这将是下一任首席执行官产生之前展开的一场竞争,而主要标准就是候选人的团队组建能力。

　　其中一位参赛者就是里克·华莱士(Rick Wallace)。他是一位精英,当时担任副总裁。里克并不喜欢这场竞赛,自己的新使命也让他感到紧张,离开原来的团队也让他很不高兴。他还认为,下一任首席执行官将会从公司之外产生,而不是假设的候选人。他之所以同意接受这个自己称为《飞黄腾达》遭遇《幸存者》(Survivor 美国电视真人秀节目。——译注)的新工作,是因为他认为新的使命对于下一份工作很有帮助。他的注意力集中在把目前负责的客户部门打造成一支高效团队上。在正式开展这段工作之前,他计划召开一次户外会议,邀请服务团队参加。服务团队的领导者是约翰·基斯伯特(John Kispert),他是公司的首席财务官,也是未来公司老大的潜在人选。

　　在埃迪的敦促之下,里克做出了一个惊人的决定:他将在这次户外会议上告诉大家他接受 360 度评估的结果,其中包括了那些对里克的领导持保留态度的团队成员提出的批评意见。"我认为,如果我真想建立互信,并表明自己对于团队建设真的感兴趣,我就应该自我剖析,"里克说。他开诚布公的态度以及他对于自身作为一名领导者的成长承诺改变了整个团队。"这后来证明是我曾经做过的最奇妙的事情之一,"他说,"确立了正确的基调,我所领导的客户团队的事情进展很顺利,整个团队的凝聚力开始加强,我又感到工作的乐趣了。"

里克展现自身不足之处的善意也在他与约翰·基斯伯特之间建立了牢固关系。这两个人已经认识很多年了,但却从未共事过。他们的新伙伴关系不仅使得他们的团队合作更加紧密,也产生了惊人的、深远的影响。当董事会与四位候选人进行谈话时,他们对里克和约翰二人彼此之间的支持以及他们希望共事的愿望留下了很深的印象。公司的很多员工原来都害怕里克或是约翰会因为接班问题出走。但现在形势变得明朗,这两位高管对公司未来有着一致看法,而且愿意并肩战斗,接班问题也就解决了:里克成为首席执行官,而约翰则成为首席运营官。而该公司此次世代交替更加成功的一点还在于,参加最高领导职位之争的另两位竞争者最终也留在了公司。

在公司世代传承过程中,里克与约翰开创的团队建设过程为未来二人之间的合作打下了良好基础。新领导团队的新动作之一就是重新确立公司精神,建立高效团队就是他们新增的核心价值之一。这就是360度评估的力量,特别是在与同事公开、诚恳地分享评估结果时更是如此。

因为精英男性更认同实实在在的数据,我们发现,含有有说服力的、具体陈述的深度访谈比那些常见的360度评估更有效,因为一般的360度评估仅仅包含了针对网上调查的一些比较肤浅的评论。我们会采访尽可能多的同事,包括同事以及那些他们合作——或应该合作的其他管理人员。目

第七章

标就是要搞清楚什么行为有效,什么行为无效,并用可靠的证据证明我们的这些发现。

我们曾经训练过数百位有影响的精英男性,我们发现,跟参与过程中的每一个人分享360度评估的结果,比任何其他措施都更能确保团队坚持到底。这种做法可能会让精英男性感到自己太脆弱了,因为他们通常是不会承认自己的缺点的。特别是在公司文化中,自我剖析的坦率态度就跟阿拉姆语(Aramaic,古代西南亚语言。——译注)一样少见,总体氛围太过紧张,平时很健谈的那些人都不知道该说什么了。团队领袖们必须承认自我反思的挑战性,并采取一切可能措施安抚愿意展现自己内心感受的人。

在这些会议开始时,我们都会让精英先对大家花时间阅读报告表示感谢,让大家知道他很感激他们的诚恳态度。然后他总结360度评估的内容——既包括谈到的优点,也包括需要完善的地方——并谈谈自己在看到这些内容时的感受。例如,在发现自己的工作风格让同事困惑时承认自己的沮丧心情,或者承认伤害别人的感情让他自己感觉也很糟糕,这些做法都会促使听众的态度从戒备转为接受。而更有说服力的是,精英承认自己也不确定该如何处理问题并寻求别人的帮助。接下来就有了对话的空间。在这个关键的阶段之后,我们会鼓励这个焦点人物对他听到的反馈做出回应,并说明他打算如何应对最重要的那些事项。在确定完成一个特定发展计划之后,他请求继续获得大家的反馈和支持,并结束整个过程。

这些360度会议几乎无一例外地激发了团队活力。参与者都会立刻感到冲击,并被未来可能的转变所激励。处在舞台中央的精英男性也知道了他们的队友只想帮自己变成更优秀、更强大的领导者,而不是挖墙脚。他们也会发现,坦率承认所面临的挑战是一种强有力的影响别人的技巧。通过展现诚意,找到助力,而不是威胁,他们将会得到更多的、而不是更少的尊重,恰恰与他们害怕的结果相反。团队其他人也都会感到放心和有希望,这本身就是积极成长的一个有力信号。

除了要召开整个团队会议之外,我们大力鼓励精英男性要跟那些重要同事进行单独会面,让他们知道自己将如何改变行为,以促进工作的开展。他们把自己的意图说清楚,这样可以争取更多的帮助,并平息别人的冷嘲热讽——在精英以前的行为没有激发别人对他改变能力的信心的情况下,这样做尤其重要。

让整个团队都参与进来

"这需要大家共同努力"的说法不仅适用于抚养孩子(非洲有句谚语,养育孩子需要全村的力量。——译注),也适用于商业团队。不管精英男性多有影响力,他们都只是大组织中的一个细胞而已。作为一个领导者,你必须适应整个系统,不只是那些制造麻烦的个人,否则通向持久变化的道路将会非常漫长和崎岖,甚至成为一条死胡同。只有周围的人同时改变,精英们才能进行持续变化。不管人们曾经多么抱怨不

第七章

健康精英男性的行为,他们都已经适应了这一点。如果他们所习惯的事情开始发生变化,他们就不得不重新适应,如果他们不能适应,那团队的进步就会戛然而止,甚至会倒退。

当1995年凯特开始与迈克尔·戴尔共事时,迈克尔还是一个她所见过的最单纯的思想者,但是他给人的印象就像是一个没有感情的家伙。凯特告诉他,同事们都觉得很难理解他的想法,大家都随意想象他的感受。他们有时候会觉得他不高兴,可实际上他只是有不同意见而已。因为人们不知道自己的位置,所以他们很难赞同迈克尔的想法,更不会全心全意支持他的观点。凯特鼓励他让自己更加透明。"我真的在很艰难地处理我们的这部分工作,"他告诉她,"我一辈子都在确保不让感情影响我的决定,可现在你却说我需要搞清自己的情绪,甚至还要把我的情绪告诉别人。"

尽管存在很多困难,迈克尔还是看清了凯特建议的价值,并积极地面对挑战。一旦迈克尔更加清晰地展示出自己正在改变,其他戴尔高管们就纷纷仿效。结果呢,公司上下的创造力大大提升,20世纪90年代后期公司的业绩因此有了很大提升。

第二个转折点发生在2001年。当时,由于IT泡沫的破灭,戴尔公司也陷入了很不利的局面。公司的股票价值大跌,在戴尔公司工作也不再是收入上有保证的选择。局势越来越明显,只有更透明的、更能调动员工热情的、更有启发性的领导才能激发员工的忠诚,以防止那些出色的员工跳槽。凯特向迈克尔建议说,应该把他的360度反馈跟14位高级副总裁分享,特别是他所面临的挑战。令人高兴的是,他真的这么做了。

  这个简单的行动激发了公司高层的凝聚力,进而在管理团队中引发了深刻的变革。几个月后,在150位到200位副主管参加的年会上,迈克尔开始了一场自我反省的讨论。在他的讲话中,他表示,他知道自己需要跟人们建立更密切的情感联系。他自己也承认,这项工作很难应付,但他很投入地加强这项能力。迈克尔的坦率态度非常坚决,戴尔公司把他的演讲录像用在了世界各地的培训中,在公司上下都引发了学习和自省的热潮。从2002年开始,该公司的所有高级副总裁都把他们各自的360度评估公开与大家分享。结果局面有了巨大的变化,戴尔公司从此把这种做法一直保留了下来。在很多公开论坛、工作人员会议、培训项目中,公司的高管们都会讨论自己的优点和缺点,并说明他们正在采取的改进措施。下面这些戴尔公司高级副总裁的评论说明了将坦率讨论领导风险制度化的可贵价值:

  "你肯定想不到迈克尔的开放态度造成了多大的影响。像他这种地位的领导者能公开谈论自己面临的挑战,这让大家都觉得承认自己的错误也没什么不应该。"

  "迈克尔·戴尔和凯文·罗林斯都注重个人进步,这打破了隔阂,在全体工作人员中建立起了合作性的、互信的关系。这些360度评估比其他任何东西都更能促

第七章

进我们的团队工作。"

"他们继续得到反馈,并检查取得的进步,这种对进步的坚决态度为我们树立了好榜样。如果他们都能改变,我们也能改变。"

"他们得知我们希望他们做出某些改变时,他们真的就改变了。他们本来可以说,'我没必要听从这些意见',但是他们却用自己的进步行动为我们做出了示范,使得个人发展成为我们公司的一种必备风格。"

有话直说

当我们对管理团队进行训练时,我们会在360度评估时实行有话直说的做法,每个团队成员都要坦率说出他过去彼此共事期间所面临的挑战。这种做法起到的效果非常明显,让大家都看清了破坏工作关系、并导致团队分裂的那些人际因素。同事间的交流与合作常常由于缺乏互信、误解或者个人恩怨而受到破坏。这个过程则会降低紧张程度,并把自我保护和恐惧转变成积极的能量。

如果你认为,在一个满是精力充沛的精英男性的团队里,有话直说太过矫情,我劝你再好好想想。实际上,这种做法会带来很多突破性进展。其中一个值得记取的事例就是我们为美国国防后勤局管理团队组织的一次户外会议。这个局的负责人、海军上将基思·利普特让我们实施了一个为期两天的项目,目的是要在高管中建立信任和沟通。在会议开始阶段,我们请与会人士把在场团队成员身上发生的让自己担忧或是不满的事情都写下来。结果,他们所写的都是一些微不足道的懊恼和怨恨,但是他们15年来甚至更长时间以来一直把这些放在心里,这里甚至还有他们暗地里给别人起的讽刺性的外号。后来,我们用了一个半小时的时间对所有人的情况进行总结,一个接一个,把他们心里想的都公布出来。他们有的因为别人违背协议而大发雷霆,还有人承认自己确实违背了协议。同时,他们有些人还感到委屈,因为其他人没有对自己过去的行为负责。总之,这个团队向前迈进了一大步,消除了责难、否认和退缩等不良态度。两个月后,国防后勤局开始实施一项为期三年的改革计划的第一步。

不要认为已经形成的缺乏互信及关系紧张问题会随着时间的推移而自行解决。它们不会消失的,因为精英三角困境仍然存在,仍然阻挡着问题的解决。同样重要的是,应该迅速解决新出现的矛盾,避免这些矛盾发展成为严重阻挠团队工作开展的巨大障碍。争强好胜的精英男性好像总是引发不和谐,他们的争执可以升级成为冗长的混战,这会让团队和整个组织都付出巨大的代价。

所以应该马上行动:对你在问题中的"贡献"要负全责,如果真有"贡献"的话,并且让其他所有人也要如此,特别是那些总是忙着批评别人的精英男性们。使用下面提到的三步指导结束你和别人之间的冲突——并帮助团队成员解决他们之间出现的紧张。

第七章

1. 自己在私下里念完这些句子,以获得对局面的更充分了解:
   - 已经发生的情况是……。
   - 我对于这种局面出现的责任是……。
   - 我本来应该做、却没有做的是……。
   - 我觉得……。
   - 我很关心你所想的……。
   - 我希望你不会感到……。

2. 让你自己负起责任:
   - 完全负责找到解决办法。
   - 把你自己的目的确定为建设性的沟通,而不是在辩论中获胜。
   - 设想另外一个人同样有要解决问题的积极意图。
   - 放弃所有那些关于别人将如何回应你的假想。
   - 对别人的思考角度要抱着好奇的态度。
   - 发现你和别人所共有的一些目的。

3. 进行真诚的对话:
   - 不要误解别人的行为。要专注于实实在在的事实。
   - 不要总是批评别人。说说你自己的经验,用"我"开头的句子,而不是责难性的"你"开头的句子。
   - 清醒地认识到你自己身体的感觉(正在上升的紧张

感,语调变化,等等),明白你是否感到自己正在"兴奋起来"。

- 专注倾听。当别人在说话时,看看自己是否正在准备接下来的评论,还是把精力重新放在倾听别人的意见吧。
- 时刻牢记你最高尚的意图。

如何面对会议的挑战

对于商业团队来说,会议就相当于工厂的生产车间或者体育赛场——完成关键工作的地方。通过提高你的会议质量,哪怕只有20%,你就能巨大地提高团队工作效率和生产率。关键在于充分利用精英男性的智慧、活力和驱动力,而不是让他们压制别人的声音或是把会议变成"大屠杀"。

开始的时候,你应该搞清楚精英们是如何破坏会议进程的。除了比其他团队成员讲得更多、叫得更响之外,他们还常常表现出很不耐烦的态度,而这将严重破坏团队的能量。对于那些在他们看来长而离题的报告,他们总是很难容忍。考虑到他们的权威等级,他们可能会大叫"直奔主题吧!",或是晃着手指做出"赶紧"的手势,还可能拿着他们的掌上电脑或黑莓手机做出忙得不可开交的样子。精英男性破坏会议的另一种方法就是通过误导的幽默。他们能把别人的弱点当成可资利用的笑料,而且他们思维敏捷,擅长快速应答和说一些讽刺性的俏皮话。当他们开

第七章

始用看似聪明的贬低语言互相攻击的时候,会议室很快就会变成一间高中午餐室,里面的精英喜剧演员在争抢着舞台中心。而这种嘲弄现象的可怕后果却往往得不到团队领导者的注意,因为大家都在笑呢——除了那些被嘲弄者。

不健康的精英男性往往过分关注个人形象,这也会影响会议的正常进行。他们不会承认这一点,因为他们认为自己只关心结果,但实际上,他们确实希望让同事们看到自己光彩的一面。他们努力展现强项、控制、智慧以及能力,就像群居动物中的首领会用嘴清理身上的毛发,以让整个群体都知道谁是主人一样。精英们把会议当成了上演精英男性秀的剧场,他们欺骗自己,让自己以为当他们所取得成就是一场吸引眼球的表演时工作才有效率。精英对于一次会议成果的认识与其他人的评价往往大相径庭,这一点常让我们很吃惊。

如果你让那些争强好胜、充满控制欲的精英男性控制了整个房间,那你的会议就会一团糟,真正的会议目的让位给了精英的日程。而且,这个问题会影响到所有人,会出现下列症状:

- 开会的目的仅是为了通报最新计划进展情况和信息分享;很少解决问题,并进行创新性的思考。
- 人们会对主要问题避而不谈;很多阻挠公司业务开展或正常运营的老问题得不到解决。
- 多数互动都是在经理与员工个人之间进行;团队成员

不互相学习或者为彼此提供资源。
- 团队成员不会为自己考虑或生发新的创意。
- 争论才是常态;合作是例外。每个人都强力推出自己的观点,然后大家决一雌雄。

如果你希望会议能充满创新的能量、互相信任和尊重,那就要确保不让那些强势的精英分子凌驾于他人——以及彼此之上。即使是充满争论的、不够有条理的会议也可以开得进展顺利、成果巨大。这需要一位有耐心的领导所付出的严谨努力,还要有一系列预先计划好的过程、活动和干预行动。

在普通会议与出色会议间的一个关键差别在于对会议质量 100% 负责的参与者的数量。每个人都能影响到会议室内的融洽气氛,所以每个人都至关重要。作为一名领导者,你的工作就是要让每个与会者,不管是位高权重的精英管理者,还是那些害羞的部下,都能为推动会议的成功举行做出自己的贡献。特别是在有强势精英男性参加的会议中,很重要的一点就是要让所有与会者都非常放心地表达自己的观点。应确保所有人都完全了解将要付诸讨论的事项。让他们感到你希望听到他们的声音,帮助他们学会如何清晰地、聪明地、带着让精英所推崇的充满事实的自信陈述他们的观点。

同时,你必须帮助那些只考虑自身感受的精英男性摆脱对个人正确性的嗜好,让他们的追逐个人荣耀的天性退居次要地位。决不能让他们把会议室变成战场。图 7—1

第七章

所介绍的工具能让每个与会者都为团队的成功做出贡献,这已经帮助我们的很多客户提升了会议的质量。这里的规则很简单:每个团队成员都定期发言,大约每次30分钟,以便大家都能掌握房间内互动的质量如何。利用这个图作为一个参考基点,他们当时在会议上的得分会在0到10之间。0到4分表明会议陷入了泥潭,进展缓慢,或者正在迅速朝着这个不良趋势发展。于是大家就应该考虑自己对于这么低的得分到底是否负有责任,以及应该如何改进以取得更高的得分。

图7—1 会议参与度等级标准

0	要完成你没时间或没资源做的事情
1	阳奉阴违——假装同意你并不同意的事情
2	指责那些不在会议室的人
3	对报告者严加盘问,评判别人,批评别人
4	尽管心里批评别人,但还是照办
5	有礼貌地不感兴趣——在参与和退出之间徘徊
6	把抱怨和批评变成你希望得到的要求
7	对于问题以及你该如何贡献表达真诚的好奇心
8	以自我剖析的方式表达自己了解的所有事实,而不是指责别人
9	积极地、热心地探讨问题,得出结论
10	在合适的时间完成工作;制订后续计划

在下一章中,我们将把研究角度从团队转移到精英个体上。不要认为你可以跳过这个部分;实现精神和身体上的双重健康是一条关键的底线。

行动步骤

如果你就是一名精英：

- 要把团队的需要置于你个人的野心之上。
- 学会合作，而不是只想着跟团队伙伴展开竞争。
- 将辩论当作激发集体创造力的跳板，而不是进行竞争的赛场。
- 诚恳评估你对团队其他成员的影响，特别是在会议中的影响。
- 鼓励那些安静的团队成员说出他们的想法。
- 对那些反馈和相左的意见持开放态度。
- 要负责维持文明、有建设性的会议气氛。
- 利用其他精英的能量和智慧，而不是让他们欺凌别人。
- 要认识到承认自己缺点的价值，并在合适时机允许自己露出脆弱的一面。
- 尽快清理愤怒、怨恨、敌意的情绪，学会用各方都满意的方式解决冲突。

如果你与精英共事：

- 不要压抑自己的观点；确保你想说的所有东西别人都能听到。
- 不要自甘成为你的精英同事的受害者。
- 要负起让会议高效进行的责任，别管你在团队中的位

第七章

置。
- 尽你所能在你和所有团队成员间培养互信。
- 如果你觉得被那些强悍的精英们忽视了或总是笼罩在他们的阴影之中，不要把别人看成肇事者，反思一下，看到底是什么在阻止你前进。

第八章　对精英男性的关怀与呵护

——为了真正的健康快乐

当一位大企业家被问到他是否认为工作带来的巨大压力对健康有害时，他回答道，"我不会得溃疡，但我会让别人得。"现在很多精英男性也会说同样的大话，只不过说的是心脏病。他们大多数人都错了，精英们会让别人得，自己也会得。

所有四种类型的精英人士发泄怒火时受到影响的不光是自己的同事，还有他们自己的大脑和重要器官。其后果可能会非常严重，不光是医学后果，也包括经济后果。高管们在压力之下会更快地用光精力，造成紧张和冲突，头脑思维也会更加混乱，所有这些都会阻碍整个组织的工作效率，就像高血压会影响冠状动脉一样。精英男性总是认为他们不可或缺。也许吧，但是如果一个人总是因为工作紧张而头

第八章

痛,因为肠炎直不起腰,因为失眠摇摇晃晃,因为搭桥手术而在康复中,那他就不是不可或缺的,他的价值也没有那么大。那些与强势精英打交道不堪忍受压力的员工也是如此。而受到旷工、生产力损失以及医疗费用超支困扰的企业也是如此。

人们经常会问埃迪,他为什么要放弃很成功的外科医生职位,转而从事我们目前所做的工作。他的答案恰恰说明了我们为什么会把这一章加在本书中。就像大多数心血管外科医生一样,埃迪的工作主要是通过搭桥手术或替换阻塞动脉治疗动脉硬化症。他觉得能够挽救病人的生命和身体是一件很令人高兴的事情,但他也会感到困惑。他所治疗过的很多病人如果能够养成更健康的生活习惯并改变不健康的行为方式的话,就根本不会死在手术室里。很多情况下,手术治疗不过是权宜之计;病人如果还是回到老的生活方式,那么疾病就会继续恶化。实际上,很多病人都是能力极强的精英男性,他们本来聪明得很,应该了解这方面的情况才是。

战斗还是逃避

精英男性拥有坚强的意志。他们总能以罕见的适应力面对变化、速度和压力。同时还有另一个优点:高度的纪律意识、韧性十足和强烈自信可以很好地推动实现健康和快乐的状态。他们那种"我能"的态度和注重结果的推动力帮助他们养成并保持了健康的生活习惯。这些优点也帮助他们从疾病中快速康复:医学研究表明,抱着"我能战胜病魔"态度的病人比那些失败主义者康复得更快,而很少有人能像精英那样顽强地说"我能战胜病魔"。

上面这些是优势。当然也有缺点,那就是精英男性大部分时间都忙于工作,他们的转速计越来越快,有时甚至进入危险区域。推动他们不断前进的就是肾上腺素,很多精英男性都对肾上腺素成瘾,就像很多人对酒精、可卡因或尼古丁成瘾一样。但他们追求的刺激最终会让他们付出代价。像所有瘾君子一样,受到影响的还包括他们周围的人。到目前为止,我们已经熟悉了"战斗还是逃避"反应,正是这种生物反应机制让我们的祖先与野兽或掠夺者展开搏斗——或是逃之夭夭。就像从事营救工作的反恐特警一样,肾上腺素和可的松这样的化学物质会迅速涌入身体组织,动员面对危急所需的各个器官。但是,大家都知道,对常见工作压力的应对可不是用拳头解决或是上蹿下跳。那些习惯了肾上腺素的商界人士都穿着制服,哪儿也去不了,就像一个身穿护肩和头盔的运动员,却被告知他在一间举行舞蹈大赛的舞厅里一样。

持续不断、拖沓冗长的动员会削弱身体的反应机制,使得我们不能全力投入工作。免疫系统功能打了折扣,降低了身体对疾病的防御能力;身体组织、韧带、肌腱慢慢变得红肿;动脉血管也变得越来越容易阻塞;失眠、抑郁、焦虑情绪在暗中蔓延。急剧增长的压力也会影响到大脑的工作能力。血液被分流到脑边缘系统和脑干的运动中心,这样负责创新、解决问题和智力思考的大脑皮层内的血流量必然减少。

第八章

这就是为什么压力过大将损害思维的清晰性、做出决策的能力以及高管们需要执行的其他复杂的精神活动。

肾上腺素分泌持续上升的结果就是,高血压和心肌劳损的可能性大增。β受体阻滞剂是被广泛用于治疗高血压的药品,能作用于血管和组织的接收端,使它们不对肾上腺素做出反应。但不幸的是,这并不能解决根本问题;大脑仍然继续发出"战斗还是逃避"的信号,肾上腺素的血液流甚至增加了。过量的肾上腺素提高了血脂浓度,其中包括了对健康不利的胆固醇,而脂肪与钙的堆积会导致动脉硬化。他汀类药物常被用来降低胆固醇,从而阻止动脉硬化过程。不幸的是,很多精英男性在吞下β受体阻滞剂和他汀类药物的同时却根本不去改变行为习惯,而正是固守的这些行为才导致他们不得不服药。要知道这有多荒谬,你能想象一个使用呼吸器的肺气肿病人仍在坚持吸烟吗?

精英大脑如何遭到绑架

肾上腺素过量影响的不只是动脉,还有大脑。人的情绪进化结果就是能迅速做出利于生存的决定。紧急情况下,它们会控制平时进行理性思考的大脑皮层,在脑边缘系统和脑干中执行更加原始的功能,我们经常把这种现象称为"鳄鱼大脑"。生存下来的欲望会阻止思维过程干预我们对危险的本能反应——或是进食与繁殖的机会,那些对食物或性很饥渴的人可以证明这一点。但是商业风险不同于丛林里的危险:不幸的是,像愤怒和挫折感这类的情绪仍会淹没我们的大脑,使我们在本该冷静思考的时候不能进行正常的思维。这种"大脑绑架"现象不仅是对健康的威胁,也是一种商业风险,它不仅影响到精英男性自身,而且会影响到所有在精英们制造的高压丛林里工作的人。有时候,精英领导下的整个团队都会遭遇大脑绑架。

我们已经了解,精英们常常拥有敏锐的思维——用神经学术语说,就是优秀的、不凡的认知能力。最近的调查把这些能力的产生区域定位于前脑皮层,这里掌管着人的思想和意志。在复杂、模糊的情况下——换句话说,典型的商业环境——就需要综合的决策技巧,通过皮层提供对潜在选择的评估认知机制。但是,前脑皮层的功能会在压力之下失灵。这种功能停止在行为上可能表现为以下情况中的一种:(1)封闭思想,拒不接受新思维,(2)采取相反的做法——过度执著于新的、不同的解决方法。第一种情况下,精英们匆忙下结论,莽撞行事(这是精英实干家所面临的一项特别风险)。第二种情况下,人们面临太多选项,使得他们看来失去主见、犹豫不决(这是精英预言家会面临的特别风险)。

在思维方式上,很多人都有默认设置,把他们导向新鲜事物或者日常惯例。精英男性中,预言家和战略家喜欢新鲜事物,而实干家和指挥官则更倾向于始终如一的状态,前者会坚持他们写在记事板上的设想,后者则始终不忘那些让队伍按计划行事的信息。有压力存在的情况下,这些默认设置就会被激活,这个人甚至更加抵制其他解决问题的方法。不

第八章

管怎样,结果都是对创造力、自我认知和高效思考的不幸束缚,而这些素质才是人们最需要的。[1]

健康的精英男性头脑冷静、自信、思维平衡,他们是"遇慌不乱"的海报男孩。面临巨大压力时,我们就会指望他们,因为他们能清晰地、创造性地思考,而别人却毫无头绪。不健康的精英却在压力之下状况不断。即使在很理想的情况下,他们也很难进行合作、适应变化并听取不同于己的观点;而当他们面临压力时,那些风险因素就进一步放大了。形势严峻时,坚强的精英男性会挺身而出。健康的精英会让大家都很欣慰地看到他们挑起了重任。而不健康的精英则会留下遗憾和破灭的梦想,甚至可能是毁灭。

A 类人与热反应堆

你很可能听说过 A 类人,就是那种风风火火、缺乏耐心、有侵略性、充满敌意的人士,他们比那些冷静、有耐心的人更容易成为心脏疾病的患者。并非所有精英男性都是 A 类人,但总的来说,精英和 A 类人具有很多共性。这些共性中最麻烦的就是充满敌意。我们在最近的研究中发现,敌意度较高的人死于心脏病的可能性比普通人高 29%,而 60 岁以下的此类人群患心脏病的可能性更是比一般水平高出 50%。[2] 并不是只有急性子和那些恃强凌弱的家伙才会受影响。最近的调查发现了一种也会受到影响的人格类型"热反应堆"。[3] 热反应堆的生理反应大大夸张;一个小小的轻蔑举动就会引发一系列巨大变化,比如血压升高、心率加快、脑电波活动异常,这些现象大多数人只会在严重紧急状况时才会出现。这个人看起来也许并不恼怒,但他心里却像一座火山一样沸腾。

有些热反应堆型人知道自己是这种性格,并且能认识到自己的问题。而有些人既不是急性子,也没认识到他们是热反应堆型。总的来说,有四种类型。

1. 知道自己的问题,从外表就能看出来。就像疯狗和愤怒的公牛一样。在面对压力时,他们会升高嗓门,攥紧拳头,训斥别人。

2. 不知道自己的问题,但能从外表看出来。很明显地就像疯狗一样,但却否认自己内心的真实情况,也不知道别人怎样看自己。他们脸涨得通红,嗓门尖厉,牙关紧咬,后背挺直。

3. 知道自己的问题,但从外表看不出来。外表看起来很平静、很理智,但内心却早已沸腾,自己也很明白这种情况。他们表面冷静,不动声色;有些人甚至还会保持微笑,但这种微笑却不是那么真切。

4. 不知道自己的问题,从外表也看不出来。看起来一切正常、很镇静、理智,没有什么明显的外在特征。但是他们的心率和血压却在上升,呼吸急促。当他们发脾气、出状况或是被紧急送往医院的时候,包括他们自己在内的所有人都会感到震惊。

第八章

　　精英男性主要属于前两个类型；不管认识到这一点与否，他们的情绪突然失控、在会议上发火以及争强好胜、欺凌弱者的行为都表明他们是热反应堆类型。但有些精英人士却属于第三类和第四类。因为他们内心熊熊燃烧的怒火得到了很好的控制，所有人都会看着他们想，"真希望我在关键时刻也能像他们那样冷静。"多数第四类型的热反应堆型人士都不是精英，但他们可能在精英主导的环境中工作。他们可能看起来就像加里·格兰特（Cary Grant，出生于英国的好莱坞著名男演员。——译注）一样泰然自若，但是内心的愤怒、挫折和恐惧使得他们很容易患上压力引发的一些疾病以及大脑绑架。因为他们不知道自己的问题，所以第四类人最不容易采取预防性措施。

　　结局是：精英对于肾上腺素的依赖不仅让身体状况变得糟糕，也给其他人制造了一种不健康的环境。这就是为什么由不健康精英主导的组织往往比那些由健康精英或非精英人士运营的商业机构具有更高的疾病、旷工、疲劳、失误以及提前退休等问题的发生率。

　　女性也不能避免受到压力的影响，但是她们的生理反应完全不同。（请见"压力与精英女性"。）

压力与精英女性

　　我们对于压力反应的大多数认识都是建立在近半个世纪以来对男性的生物化学研究的基础之上。这种性别选择的不平衡在很大程度上是因为女性神经内分泌系统的周期变化所造成的研究困难所致，但目前这种不平衡的局面正在得到改变。2003年国家精神卫生研究所（National Institute of Mental Health）一个项目组的科学家提出女性对于压力的反应与男性迥然不同。[a]他们称之为"关怀并交友"模式，而不是"战斗还是逃避"。

科学家们认为，在人类社会发展初期，男女两性的进化都更青睐最适合他们各自角色的生存特征。男性通过战斗或是逃跑保护他们自己以及他们的后代；女性则通过给孩子提供躲避伤害的庇护（关怀）以及推动建立社会群体以分享资源并促进共同安全（交友）来实现生存的目的。从生物学上看，男性对于压力的反应启动了交感神经系统，导致了像肾上腺素和可的松这样的化学物质的分泌；而女性的反应则会受到神经催产素和催乳激素的影响，这样就会压制交感神经的兴奋程度。这种生化差别可能有助于解释为什么男女会分别患上不同的与压力有关的疾病。男性很可能患心血管疾病，而女性的免疫系统和肌肉骨骼则更可能出现问题，比如慢性疲劳、关节炎以及像狼疮这样的自身免疫性疾病。令人感兴趣的是，这种模式在女性更年期后会发生变化，那时女性体内就没有雌激素保护她们不会患上动脉疾病，患心脏病的风险也会跟男性差不多。

[a] "加州大学洛杉矶分校研究人员提出女性应对压力的关键生物行为模式"，2000年5月22日，www.sciencedaily.com。

第八章

保持清醒认识

要摆脱过激情绪以及过量肾上腺素的困扰,首先就必须认识到你确实受到这些问题的困扰。如果幸运的话,这在严重警告来临——可怕的诊断结果、半夜备感焦虑、人际关系危机、商业运营惨淡——之前就可以做到。最初的、也是最明显的迹象是身体上的,但是也可能是情绪上的、心理上的或精神上的。请记住表8—1所列的各项症状。它们可能是健康问题的早期症状,或者是应该进行医学检查的一些状况。第一步可能需要一位聪明的、耐心的大夫指引你采取自救策略,而不是给你开药。

表 8—1 压力之下的症候

生理特征	认知表现	情绪表现
头疼	厌倦、厌烦	焦虑
消化障碍	迷惑	冷漠
心悸	思维混乱	易灰心丧气
肌肉疼痛	无精打采	乱说话
后背疼痛	精神不集中	抑郁
皮疹	健忘	觉得"没人在乎"
感冒	抱着不切实际的期望值	犬儒主义
食欲不振	不能集中注意力	挫折感
手指颤抖	呆若木鸡	过敏、容易兴奋
脚不停地乱动	精神动荡	抨击别人
疲劳	重复写字	情绪变化不定
失眠	担心	紧张地发笑

总是出错	后悔	孤独
过度用药	凡事要理由	不安、慌张
酗酒	否认	嫉妒
抽烟	指责别人	不信任

调整战略

　　无论是从健康角度考虑，还是从商业角度考虑，成功的关键因素之一都在于建立一个应急系统，其中包含各种应对压力的工具，并不断利用这些工具。我们把这些工具称为调整战略，因为它们调整了生理平衡（生物学家称之为体内平衡），并使受到压力破坏的各个系统重新回归到正常状态。就像对汽车的定期保养，以确保汽车能正常行驶，又像一台自动调温器将温度保持在舒适范围内，调整战略能让思想和身体开足马力运行。

　　调整战略会以名为神经肽的蛋白质化合物为媒介，后者就相当于化学信使，把信息从大脑的一个区域传送到另一个区域，并把信息从大脑传到身体各处。肽就像锁与钥匙一样连接着特定细胞的接收区域，引发肾上腺素分泌（放出压力化学物质）或者是引发内啡肽的分泌（能产生美好感觉的化学物质）。这两种化学物质工作起来就像是手指放在搬钮开关上一样立竿见影：肾上腺素会应对突发警报，动员整个身体处理危机；而内啡肽则会发出"一切正常"的信号，让各个系统放松下来，回到正常状态。说得简单点，肾上腺素用掉能量，而内啡肽则会重新储存能量。

第八章

从生理角度看，调整战略可能会因人而异，对身体系统的影响不同，但是结果总是能降低疾病的风险。我们在那些应用调整战略的人身上看到的变化既有迅速发生的，也有逐渐累积的——这不仅指医学意义上的，也包括个人如何应对工作挑战。他们不会冲动地、盲目地对事件做出反应，而是谨慎反应。调整战略在刺激与反应之间创造了一个空间，这个空间可以用充满创造力的想法和平静的反应填满。那些使用调整战略的人常会变得更加乐观、带着自信和创新的热情迎接工作的挑战。肾上腺素与内啡肽之间的平衡关系不仅会影响到我们的身体，也会影响我们思想和行动的质量，决定了大脑在某个时间的哪个部位更加兴奋。利用调整战略，我们可以有意识地调整我们的身体内部环境，使大脑不致遭到绑架，而是更有创造力、更加理智地解决问题。

大体上有两种类型的调整过程：

持续性战略：就像刷牙、清理草坪以及其他日常保养工作一样，持续性策略要定期实施，以避免出现工作停滞，让整个系统高效运转。当成为日常工作或习惯时，这种战略更加有效。

应急性战略：就像手电筒、备用轮胎和急救箱一样，应急性策略应准备好在危机发生以及压力来临时付诸实施。有些调整战略须在用于突发事件之前进行一些练习。

应急性战略在每日持续性策略的基础上可以得到良好

的运用。理想状况下，大家都应备好个人急救箱，里面有四种调整战略：认知的、情感的、身体的和强化的。接下来的文章将会指引你建立自己的应急系统。我们强烈建议你重视这些东西，不要认为你没时间搞这些毫无意义的活动。

如果你生活中每一个繁忙的环节都是一桶水，那么调整战略不会从中偷走任何一滴。恰恰相反，调整战略可以让每个桶中的水都平静下来。这有什么意义？不妨这么想：滚水与静水哪个占的地方更多？哪个更可能翻腾不止，搞得一团糟？通过让激动的心情平静下来，调整战略不仅不会让水溢出来，把事情搞糟，而且会在桶中创造出更大的空间。调整战略能使人更清晰、更有创造力地进行思考；会让身体获得新生，并释放更多的能量；能提高你的耐力；让你在压力重重时仍保持头脑清醒。它们不会让你成为懦夫或是新时代的哈巴狗。恰恰相反，它们将使你以同样的速度和力量前进，而不会有抛锚或乱指挥的风险。这怎么能不是一项好的投资呢？

认知调整

如果忧天小鸡（一个拟人化动物世界里的一只总是杞人忧天的小鸡，它十分担心天会塌下来，因为它过度的神经质，给同伴们造成一堆意外灾害。——译注）是人类的话，那他一定是肾上腺素过剩。而波利安娜（Pollyanna，美国作家 Eleanor Porter 小说的女主角，指盲目乐观的人。——译注）满眼都是阳光，她肯定是内啡肽过剩。但这两种做法都会让他们

第八章

陷入麻烦之中,因为这两种看世界的方法都是不准确的。在这两种极端之间是一个复杂的世界,我们的设想与感觉会大大地影响到我们的健康状况和财务状况。花些时间重新审视我们的推断,并重新确定看问题的方法,这对于战胜压力非常重要。

  当问题发生的时候,身体就会进入警戒状态。一项重要的调整战略就是要在你面对紧急情况做出冲动反应之前,让自己冷静下来。先别激动。重新思考一下所发生的事情。你正在做出怎样的推断?你是否歪曲了局势?类似这样的问题可以开拓你的思维,还可能改变你最初的推断,让你对问题的理解更加准确。在训练一些高管的过程中,在讨论一些商业问题时,我们常会指出那些导致客户特定行为的一些潜在想法。当我们发现那些过去曾带来很多问题的想法时,就会帮助他们重新思考。你所习惯的看问题的方式给你添麻烦了?有没有更加准确的看法?改变视角能否带来完全不同的行动?重新思考可以拓展你的视野,并让你可以采取更多的应对措施。

  我们在第五章中曾提到过乔治·阮,在他职业生涯的一个时期,曾说服公司管理层进军中国市场。随后由乔治负责这次业务扩张行动。他马上就行动起来,却很快陷入了典型精英行为模式。他对于那些质疑自己的人非常苛刻,这种行为使他疏远了员工,而他本来应该依靠他们执行自己的战略。乔治把该项目的每个环节都置于自己的掌控之中,就像是自己引以为傲的财产一样,而且事无巨细都要由他把关。

员工们都把他看做是一只有不可告人目的的独狼。具有讽刺意味的是,开拓中国市场本来是他的提议,但他的行为却恰恰危害了公司的中国业务,压力因此越来越大。

在一次例行的身体检查中,乔治发现他的胆固醇和血压都高得离谱。他属于热反应堆类型中的第二种:情绪早已一览无余,自己不知道,而周围的人却都很清楚。我们告诉乔治应该重新考虑对待那些质疑其决定的同事的态度。与他的推断相反,这些同事并不一定是反对他的战略。他们也不是在争权夺利或是批评他的决断。事实上,他们是在努力帮助他取得成功。乔治认识到应该把他们的关心当作对自己的帮助,帮助自己实现目标。

我们还对乔治疏远的那些人进行了训练。他们一直都怀有,"他不尊重我","他关心的只是自己"等等一些类似的想法。然后他们了解了乔治的良好动机。是的,他是受到个人荣耀的驱使,但是还有其他一些原因,他极度渴望能够实现项目的成功:这样一来可以改善公司的财务状况,二来可以激活一些中国的地区市场——这是他从未跟别人提起过的一个更高的目标。我们鼓励乔治告诉同事们他在亚洲度过的童年时光,正是这种做法实现了突破。乔治的家庭因越南战争不得不流离失所,家人流落各地。作为一个外来人,乔治学会了如何保护自己,自力更生、高度独立。他心中还形成了对第三世界贫穷人民的强烈同情心。乔治把藏在内心深处的真实情感告诉了大家,从而改变了同事们对他的看法,进而跟同事间建立起了更加牢固的联系。他的生理指标

第八章

也好了很多,不再受到严重的威胁:短短几周之内,他的血压就恢复到了正常水平。

生理调整

大量数据都表明,生理健康比任何其他领导战略都更有助于实现商业成功。定期锻炼可以调整肾上腺素与内啡肽之间的平衡关系,从而让身体状况发生全面改善,从态度到创造性,再到团队工作,都发生了巨大变化,从而让员工们更有创造力和凝聚力。如果你认为你太忙,没时间浪费在锻炼上,那你就真的需要锻炼了,因为你的思维是不清晰的。

在与数百位高管共同涉及个性化调整行为时,我们已经学会了遵循这些基本原则:

安全第一。从前做过运动员的人常常认为,不管上一次整装待发走上赛场是多久以前的事了,他们都可以立即开始一项健康计划。这种行为纯属自找苦吃,精英男性又是最可能采取这种做法的人。应该谨慎地开始锻炼,慢慢向前。在开始之前,还应该进行综合健康评估。

避免竞争。全场篮球赛以及马拉松可能是你想要的游戏方式,但是保持比分的压力可能会压倒重新思考的目的。对精英男性来说,每天的工作都是季后赛第七场的生死之战(美国职业体育的季后赛即淘汰赛,赛制常常是对阵双方七战四胜。——译注),他们需要降低自己的肾上腺素浓度,不应给自己施加太大的压力和负担。

要有规律性。一项成功的健康计划的最重要特征就是规律性。有的人每到周末就疯狂锻炼,这种做法不但不能促进健康,反而会增加受伤的风险。如果可能的话,应该与一位训练师合作,制订一项严谨的锻炼计划,树立明确的目标,并进行定期回顾。

要有连贯性。短期锻炼计划,每周6至7天就很理想了。我们推荐的锻炼方法大约在30到45分钟之间,包括下列这几个部分:

● 伸展与呼吸。开始时先做几次深度的腹式呼吸,同时活动背部和脊椎,并轻轻地活动全身各处关节。(参见用于深呼吸锻炼的"呼吸新鲜空气"一节中的指导。)时长3—5分钟。

● 有氧运动。跑步、走路、骑静止自行车、跳绳、跳舞、跳跃、爬楼梯——锻炼的方法无穷无尽。不要跟你以前风光岁月时所擅长的运动比较,选择一项你过去并不擅长的活动。时长15—20分钟。

● 地板或桌面常见运动。选择一种可以协调呼吸与伸展的锻炼方法,比如瑜伽或是普拉提。当你用各种有创意的方法活动关节的时候,体内蓄积的内啡肽就会释放出来。跳舞也可以的!时长5—10分钟。

● 放松/集中精力。结束时要闭目休息一段时间,最好是坐直身体。这样能够平衡体内的氧气、葡萄糖、肾上腺素、内啡肽以及流向各个重要脏器的血流。时长5—15分钟。

第八章

公务繁忙的高管们常常发现，多进行几次 5 到 10 分钟的休息调整比一次长时间的调整更加容易。站起来，伸展身体；在大厅里走走；戴上耳机，跳跳舞；路途不远的话，就以步代车；走楼梯，不坐电梯。要利用每一个可能的机会活动那些使用不到的肌肉，让静止的体液流动起来。不要忘了补充合适的营养、水分和睡眠。保证一日三餐中含有必需的蛋白质、碳水化合物以及健康脂肪（而不是反式脂肪），减少或放弃食用精制糖以及精细加工食品。对咖啡因也是如此，因为咖啡因会导致肾上腺素水平提高。你每天饮用的咖啡应该限制在两杯以内，要当心大多数软饮料中所含有的糖和咖啡因；这不仅会刺激肾上腺素的分泌，而且会让你在不希望长肉的地方长肉。

在健康计划的最初三至六个月内，我们建议你每天都要记录能量消耗水平、睡眠、体重、情绪以及工作效率等指标。

呼吸新鲜空气。有时候最简单的办法往往就是最重要的。哪还有什么比呼吸更简单呢？呼吸是多么一种强大的调整方法啊！要充分挖掘这种最重要的身体功能的价值，你应该学会在呼吸的时候把你的肚子胀得像个气球一样。这个动作可以将横膈膜往下拉，从而让你获得更充分、更有深度的氧气吸入。其他益处还有提升氧化、平衡 PH 值和酸碱度、降低肌肉紧张、增加羟色胺及其他内啡呔、减少压力激素的分泌、降低血压、提高心肌健康，并将新陈代谢活动转移到大脑认知中心。这就是为什么"深呼吸"不仅是一种表达方法,还应该成为一种行动。

作为一种调整手段,我们发现下列步骤非常有效:

1. 充分呼吸,尽最大努力把肺里所有空气都排出去。你会发现肚子绷紧了。

2. 肺部排空以后,停止呼吸,让腹部软下来。等待片刻,尽量放松,让自己舒服一些。

3. 当你感到需要呼吸时,放松,被动地让空气涌入你的鼻孔和肺中。

4. 扩张腹部,完成整个呼吸过程;抬高胸部、肩部和下巴;轻轻地弓背。

5. 顺势进入下一次完全呼吸,完全将肺中的空气排空。充分呼气可以刺激内啡肽的反应。

6. 再次放松腹部直到你需要呼吸。

7. 重复三次。

你会惊讶地发现,用不了一会儿就能完成的这一系列动作可以大大改善你的身体状况,让你的思想安定下来,为清晰的思维开拓了空间。这种技巧的好处就在于不怎么显眼,在会议期间或是打电话时,或者当你坐在电脑前准备发出一封愤怒的电子邮件时,你都可以进行深呼吸。你甚至可以在开车或者操作重型机械的时候深呼吸。在工作日中每隔一个小时进行一次短暂的深呼吸,这可以成为一种持久性的调整战略。你也可以把它作为一种应急性调整战略:当你开始

第八章

感到恼怒、难过或者焦虑的时候,尤其是当你心中正在酝酿着愤怒的情绪时,暂停一下,做三次深呼吸,憋住气。这种简单却意义重大的生理活动将会马上引发一种让你平静下来的反应,把你的能量从大脑中冲动的部分(这个部分可能会促使你惩罚或是打击别人)转移到理性思考和创造性的部分。于是你就能够把愤怒的力量转化为创造性的活动。这种短暂的缓冲让你赢得了反思的时间,让你的行动和最好的初衷结合起来。当时你的最终目的是什么?怎样做对团队、对整个公司、对你作为一个领导者的未来最有利?

我们有一个客户是一家大型商业公司的执行副总裁,这个公司拥有超过1.2万名员工。这位副总裁的问题就是易怒。此前他还曾接受过两位专家的训练,但效果很有限。埃迪指导他在怒火爆发之前应用这种呼吸技巧。很多人都曾在他的全方位评估中谈到过他大喊大叫的毛病,但令大家惊喜的是,他与生俱来的暴脾气慢慢地变成了正常范围之内的恼火。一年之后,他的全方位后续计划中就包含了很多团队成员的积极反馈。当我们问他到底是什么最终带来了这种变化时,他说,是深呼吸造就了巨大的差异,比我们其他所有的心理、行为训练都有帮助。作为一种持续性活动,深呼吸让他心态更稳定、平衡;作为一种在压力降临时的应急性调整战略,深呼吸不仅防止愤怒的反应,而且让他看清了愤怒情绪之下潜藏的东西,比如因为团队未能理解自己的指示而感到沮丧,或者因为自己未能更好地沟通而对自己失望。

应急性调整战略还有一个好处:在短暂的缓和期间,你可能认识到你的消极情绪实际上掩盖了其他一些感觉。你可能感觉糟糕,因为你觉得自己未能帮助团队培养负责任的精神。你可能感到害怕,因为别人要抢了你的风头。当你暗暗调整呼吸或是绕着大楼漫步的时候,不管你想到了什么,都将有助于你更清醒地做出反应。

情绪调整

情绪就相当于你感受现实的过滤器。如果我们的感受使得我们对于那些不是什么大麻烦的事情产生了过度的恐惧或是焦虑,那么就会对自己的健康和工作效率造成严重伤害。

从图8—1可以看出,当感到面临威胁时,我们会用下列4个F中的一个保护自己:战斗(fight)、逃避(flight)、冻结(freeze)、昏晕(faint)。

图8—1 四种常见防卫方式

这里有四种我们通常用来抵御威胁的方式,有的是真实的,有的是想象出来的。看看哪些最适合你。

战斗	昏晕	逃避	冻结
·攻击	·困惑或者厌烦	·过于忙碌	·拒绝合作
·责备	·大脑空白	·改变话题	·优柔寡断
·批评	·困乏	·否认问题的存在	·关注小细节
·辩解	·病态	·认为问题无足轻重	·胡乱推理
·打断	·吃喝(填饱肚子)	·开玩笑	·觉得"自己最重要"

总的说来,精英男性会直截了当地选择战斗。有时候他

第八章

们开始会选择其他三种策略,然后再升级到战斗。在一个有不健康精英男性统治的工作场所,你会发现强权行为、威胁、操纵以及各种各样的欺骗。当精英男性忙于这些事情的时候,那些并非精英的人就处在冻结、逃避或昏晕的不同阶段。不管你有何反应,都是你所说的威胁事件引发——对于威胁的认识会受到你情绪的影响,因为大脑在危急时刻顾不上理性思考了。

调整战略可以为你创造更多的空间,从而让你更加从容地审视那些在无意识中控制你行为的情绪。这个习惯可以慢慢养成,有了它的帮助,你可以在头脑混乱之前改变主意。你每次成功做出不同的、并非出于害怕的反应,将来你的大脑就可能做出更合理的反应。别担心:如果出现了真实的威胁,你仍然可以认出来,与生俱来的"战斗还是逃跑"机制就会发挥作用。

关注情绪在身体上的反应。当谈到情绪的时候,我们面临的最大问题是,不能一眼就认清自己的情绪;头脑中的声音淹没了那些告诉我们真实感受的安静讯号。而且,我们都曾受到训练,把不佳情绪都藏在看不到的地方。精英男性尤其会掩盖像恐惧和悲伤这样的"脆弱"情绪。他们的做法会使得这些情绪逐渐酝酿、累积,直到最后,可能因为某人的会议报告中包含了太多的幻灯片,那些潜伏的情绪终于爆炸了。除了精英本人,别人对这种情绪爆发都不会感到惊讶。对于自身情绪的认识往往是他们通常并不注重的一个方面。

在你觉察到自己的恐惧或愤怒情绪之前很久,你的身体就会反映出这些情绪。你可以提早检查身体发出的信号,并进行及时调整。通过这种方法了解自己的情绪具有很好的治疗功能,因为它会让情绪得到释放,而不是聚集。例如,我们曾把好几位客户介绍给一位医生[约翰·萨诺(John Sarno)],他帮助病人了解自身那些遭到压抑的情绪,比如愤怒和恐惧,在治疗背部疼痛方面——这是精英男性最常见的压力症状之一——卓有成效。[4]

我们每个人都会在身体的特定部位展现出主要的情绪。当类似幻灯片那样的事件发生时,注意看看你的身体发生了哪些变化。有没有感到皮肤发痒或是疼痛?肩膀、脖子发紧了吗?胸口紧张吗?同样的,身体里什么地方感到恐惧、沮丧、悲伤、焦虑了?结果很可能是,对于这些问题,你至少会发现一些模糊的答案。随时注意这些情况,慢慢地你就会提高自己的情绪敏感度。在那些消极情绪发作之前就发现它们,这样你就能阻止它们升级,避免很多不必要的麻烦。

根据我们的同事盖伊·亨德里克斯和凯瑟琳·亨德里克斯的研究,情绪可以分为四大类:愤怒、恐惧、悲伤和欢乐。[5]其他的感觉都可以看做是这四类下面的分支。而且这些主要情绪都会有不同的感受强度。表8—2描述了情绪通常的表现部位以及它们如何升级。你发现自己通常处于什么位置?你希望自己处于什么位置?

第八章

表 8—2 情绪升级与身体反应

情绪强度 1 2 3 4 5 6 7 8 9 10 温和　　　　　　　　　强烈	生理反应
恼怒 ⟶ 沮丧 ⟶ 愤怒	肩颈僵硬，牙关紧咬，牙疼
担忧 ⟶ 焦虑 ⟶ 恐惧	腹痛、面部僵硬、腿部发紧
失望 ⟶ 难过 ⟶ 悲伤	流泪、喉咙有肿块、胸部疼痛
满意 ⟶ 幸福 ⟶ 快乐	胸部有沸腾的感觉，眼泪汪汪

对于情绪的认识可以帮助你充分挖掘自身具有的强大的精英优秀品质，并压制你的自毁倾向。它还会让你在与缺乏这种敏感的人的竞争中取得优势。还有什么比这个更有用呢？

意识调整

20 世纪 60 年代，当关于超觉冥想（Transcendental Meditation）生理影响的研究首次出现在学术刊物上时，很多人都对此嗤之以鼻。但是现在，关于这一课题已经有数百项研究，冥想已经成为解决高血压、心脏病、焦虑、抑郁以及慢性压力紊乱等问题的自然方法，而且被很多商业领袖视为推进创新、提高生产率的有效途径。最近的大脑影像研究表明，冥想技巧能够把大脑的活动转移到左脑前额叶，这个部位是意识的中心，从而可以帮助我们更有意识地应对问题，而不是完全依靠本能——保留了，而不是丢掉了我们的智慧。

意识调整包括很多做法,比如冥想、想象这样的精神活动技巧,以及像瑜伽、太极这样的身体活动方法。实现内心的平静有很多途径。不管这些途径的形式如何,调整让我们的意识从"持续、分散的注意"转变成"持续、集中的注意"。在最初阶段,很多人觉得做到这一点很难,于是半途而废。但经过一段时间,意识就会得到锻炼,这些做法也更加容易实施。意识调整战略,不管是持续性的,还是应急性的战略,都是很有价值的。科学研究清楚地表明,它们会带来立竿见影的效果——持续、定期的锻炼能让我们的心境平和,在变革和混乱到来时帮助我们保持内心的镇定。

我们没有讲到具体如何做的内容,这是因为意识调整战略只能从那些合格的老师那里才能真正学到。单纯通过阅读相关书籍并不能让技巧适应每个人的情况,也不能很好地回答具体问题。因此,本着为结果考虑的名义,我们敦促您选择质量,而不是个人便利。到处看看,分析一下市场上提供的各种信息,然后坚持进行三个月的训练,然后自己做一份季度报告,评估一下你的表现。

重复一遍:调整战略是高管们的有力武器。这对于精英男性很有裨益,尽管他们往往是最后承认这一点的人。对于那些必须每日与精英共事的人,这也同样很有帮助。关于如何进入卡内基音乐厅表演,有一个古老的笑话:练习、练习、练习。这也同样是调整战略成功的关键。就像所有的技巧一样,调整战略需要不断加以运用,否则就会逐渐生疏。如

第八章

果你发现自己拒绝这种做法,那么恭喜你,你正适合从中受益。

精英人士的家庭生活

为什么要在一本商学著作中讨论家庭生活呢?这是因为家庭生活对商业活动的生产率和效率有重要影响。那为什么要在关于健康的这一章讨论这个问题呢?这是因为你的健康状况会受其影响。家庭既可以是休息调整的港湾,也可能成为压力罐。

工作—家庭关系就像是身心关系一样:其中一方面的变化会持续不断地影响到另一方面。是的,有的人可以把工作、家庭分得很清楚,而精英人士尤其擅长这一点。但是我们的经验表明,办公室中愉快的一天可以让我们回到家以后心情舒畅、容易相处;而家庭生活带来的快乐和满足也会让我们更加从容、清晰、人性化地投入工作。反过来,如果在办公室里心情糟糕,那么我们的家庭生活可能也会受到不利影响;而夫妻吵架、跟孩子关系闹僵或者随便某个发生在家里的问题都会延伸到工作中,导致工作出现失误、效率低下或是不能完成当前的重要工作。科学研究证明,对于工作场所产生的生理压力,家庭生活要么予以疏通,要么就是使其加剧。[6]

总之,家要么是避难所,要么是压力工厂,家庭生活对每一个人来说都是非常重要的。你可能会认为,自己一进家门,脱下在办公室穿的衣服,就完全是另外一个人了。也许

对精英男性的关怀与呵护

从某些方面来说,你确实是。但如果你真的搞清楚了自己从一个地方带到另一个地方的东西,你肯定会非常惊讶。同样的精英挑战既可能把你的办公室变成压力爆发的地狱,也可能变成推动前进的强大动力。考虑一下对你家庭的影响吧:如果为一个控制欲极强的怪胎工作令人愤怒的话,那么就试着跟这样的一个人一起生活吧;如果为一个要求很高、工作狂式的老板工作很困难的话,那就试着跟这样的一个人结婚吧;如果跟一个将你视为对手而不是伙伴、或者总是忙于钩心斗角的同事共事很麻烦的话,那就试着跟一个这样的人同床共枕或是共用一个银行账户吧;如果跟一个自以为无所不知、态度残酷无情的商业伙伴合作很痛苦的话,那就试着跟这样的人生儿育女吧。

你现在大致明白了吧。当精英优势变成家庭中的精英风险,那么你的健康、家庭生活甚至职业生涯都会因此受到破坏。正因如此,很多公司都在努力帮助雇员找到工作与生活之间的平衡关系。

为什么良好的家庭生活会成为工作的推进器呢?这里还有一个原因:你最好的教练、最英明的顾问很可能就是坐在早餐桌对面的那个人。例如,戴尔公司的高级副总裁罗·帕拉(Ro Parra)和他的医师妻子谢里尔(Cheryl)。就像很多精力充沛的夫妇一样,他们二人在很多场合都曾给予对方无私的支持,他们互相帮助的诚恳态度对于彼此事业的成功都起到了很关键的作用——谢里尔是一名出色的病理学者,而罗则是戴尔公司美洲业务的负责人之一,当然他们还成功地

第八章

养育了四个聪明的女儿。罗这样描述在他职业生涯的一个关键时期,是谢里尔的指导帮助他改变了局面:

> 1998年4月我的生活发生了急剧变化,当时凯特给了我第一次全方位评估的反馈意见。同事们高度赞扬了我的商业技巧,但却对我领导团队、指导别人的能力提出了批评。这真是振聋发聩的警钟!我知道自己很坚强,但不晓得我的态度吓到了别人。突然之间,我不得不面对长久以来我一直不愿承认的问题:人际隔阂墙。这是我对自己建立的、防止别人靠得太近的无形壁垒的称呼。它让我觉得自己刀枪不入,我需要这样做,以满足自己不惜一切代价获胜的强烈欲望,却从来没想过,人际隔阂使我无法成为一名真正高效的领导者。
>
> 当我把这件事告诉谢里尔以后,我又发现了一件更加让我不安的事情:这种隔阂关系已经使我无法成为我想做的丈夫和父亲。事实上,它使得我无法与别人建立深刻的联系,从而破坏了我所有的人际关系。
>
> 在谢里尔的帮助和指导下,我决定改变自己,向别人敞开心扉,不管是在家里,还是在工作中。在接下来的6个月中,我的精神状态从焦虑、急躁、不安中解脱出来,变得更加幸福。当然,跟其他所有人一样,我仍然面临着很多个人问题,但我已经变成一个更加开放、更加乐于沟通的丈夫、是一个更慈爱、更负责的父亲、也是一个更加高效的商业领导者,我愿意帮助别人取得成功。我学会了帮助指导,而不是冷嘲热讽,倾听别人的意见,

而不是把他们贬得一文不值。

过了一段时间,罗摆脱了人际隔阂,成为行业中最受人尊敬的领导者之一。我们也许没有证明这一点,但是很明显,他家那位教练才是促成他转变的无名英雄。

把一切都带回家

家庭生活的好坏不同于商业成败。成功的家庭生活不能用效率、努力程度或是生产率来衡量。如果不够小心,你就会把我们此前所说的过高的肾上腺素水平带回家。压力和紧张情绪会在不经意间逐渐累积,最终你家庭生活中的某个重要环节开始出问题,就像是功能紊乱的身体器官一样。

华盛顿大学教授约翰·高特曼(John Gottman)曾花费15年时间,对677对夫妇进行了多项研究,这些夫妇有的是新婚,有的则已经结婚20多年。[7]最终,高特曼教授仅通过观察一对夫妇的3分钟互动,就能准确地预测出他们的离婚率。他是如何做到的?那就是通过观察积极的、赞赏行为与批评的、保护行为之间的比例。根据高特曼教授的研究,有四类消极行为特别具有破坏性。他把这四类行为称为导致家庭破裂的四种恶劣行为:批评、自我保护、轻蔑和拒绝合作。精英男性是这四种行为的"模范"。

批评:高特曼教授发现,成功的婚姻需要的是更多的正面评价,而不是负面话语。事实上,在稳定、幸福的婚姻中,正面评价与负面评价的比例至少应是5:1。这对于精英男性

第八章

来说可不是什么好消息,因为他们给予别人的负面评价远多于赞扬的话语。如果你真想把别人惹毛的话,那就别老是发出一些具体的抱怨,你应该用这样的语气开始对别人的批评,"你总是……"或者"你从不……"。你可以指出对方性格的缺陷。"你犯了一个代价高昂的错误",这只是一句普通怨言,"你不值得信赖"就是严厉的批评了,而且很可能成为离婚的前兆。同样的,"你说6点就能准备好晚餐,可为什么不能言出必行呢?"这句话跟"当我下班回到家却发现晚餐推迟了一小时,这真让我扫兴"比较一下,你就会发现批评的消极作用。[8]

戒备之心:高特曼教授所说的四种恶劣行为中的第二种是戒备之心,它是指"试图保护自己不受任何可能攻击的伤害"。[9]只有那些将这个世界看做危机四伏的丛林的人才会时刻警惕袭击者。更糟糕的是,精英男性总是把自己视为受害者,而其他人则把他们视为肇事者。戒备之心常常伴随着不可理喻的批评,"你本该提醒我顺道把干洗的衣服取回来的!"[10]

轻蔑:第三种恶劣行为可能是这四种行为中最具有破坏性的:轻蔑的态度。关系融洽的夫妻能够容忍一些健康的揶揄,甚至是拿对方的小缺点开开玩笑。但是,一个占据主导地位的精英男性所做出的轻蔑嘲笑可不仅仅是开玩笑那么简单。它拔高了说话的人,却贬低了听话者,让对方觉得低

人一等。不管精英男性如何辩解这只是善意的玩笑,如何解释是你太过敏感——这实际上是另一种形式的贬损——这些话听上去都像是扎在心口上的匕首一样。而且轻蔑的不一定是语言,轻蔑的态度可以通过扬起眉头、转动眼睛、得意地笑等其他行为表现出来。[11]

拒绝合作:高特曼所说的最后一种恶劣行为是一种逃避行为。它并不像扭头走开那样明显,甚至不是假装听话或装作关心、实则走神的欺骗性逃避行为。拒绝合作完全是另一回事。它是公开的逃避,意在威胁别人。"拒绝合作者,"高特曼教授说,"会迅速地看一眼情况,然后把目光转移到别的地方,把脖子挺得直直的,很难用话描述出来。"[12]

表8—3总结了健康关系与麻烦关系的表现特征。你自己符合其中哪些特征呢?

表 8—3　健康关系与麻烦关系的特征

关系破裂	健康关系
正面与负面互动的比例为 1:1	正面与负面互动的比例需要达到 5:1
·责备	·倾听
·批评	·理解别人
·抱怨	·表达赞赏之情
·戒备心强,自以为无所不知	·表现出你的关心
·表现出不尊重和轻蔑	·开开玩笑
·不愿合作	·分享你的快乐

第八章

努力尝试改变

如果家庭中有一位不健康的精英男性,那这个家庭常常会受困于精英三角困境,精英男性是肇事者,而配偶则成了主要的受害者,孩子和大家庭的其他成员是配角,他们有可能也成为受害者,或者成为解决问题的英雄。你可以采取类似于我们曾建议的用来改变职业生活的方法,改变家庭中的不和谐因素,消除家庭生活中的内耗,提升精英男性的力量,并避免精英男性的缺陷。

学会分担责任。控制一切、把所有人的工作都抓在自己手中的做法不仅在办公室是有害的,在家庭生活中也具有破坏作用。学会把你的配偶和孩子看做伙伴,认识到他们也值得信赖,他们也能把事情做好,他们也能做出明智的决定。

不要责备。因为个人的不满而责备你的伙伴可能会让你感觉痛快,但实际上这种做法恰恰一无是处。不要责备并不是说闭口不谈那些本该得到改善的事情;它的意思是说要认为自己导致了问题的产生或恶化,要让自己负起责任。

放弃自己总是正确的需要。在家庭生活中被视作完美无缺,比在办公室中更具有破坏性。如果你能承认自己的错误,你就能得到更多的尊重。研究表明,如果一个合作伙伴总是坚持自己是正确的,那么争论持续的时间就会是原来的三倍。[13]

使用积极的反馈强化。如果你的家庭跟多数家庭类似,批评与赞赏之间的比例大约是4:1。如果你能把这个比例反转过来,你会发现,这样不仅会使配偶和孩子感觉更好,你自己的感觉也会好起来:良好的感觉会促进内啡肽的分泌,防止大脑遭到绑架。

不要把婚姻变成权力之争。如果丛林法则在商业世界中都已经过时了,那它就更不适用于家庭生活了。无所忌惮地显示你的统治地位、争夺主导权将会使得家庭中的所有成员疏远。

善于倾听反馈意见。就像跟你的同事们相处一样,要让你的家庭成员明白,你很看重他们的洞察力并愿意向他们学习。没有人能比他们更了解你,关心你。如果他们指出了需要改进的地方,你应该消除戒备之心,积极学习。

在戴维·尼文(David Niven)所著《幸福人生的100个简约法则》(The 100 Simple Secrets of Happy People),他指出"有些人拥有良好的人际关系,而另一些人的人际关系则没那么幸福,这两类人之间的区别并不在于他们所遭遇的冲突数量"。[14]那区别到底在哪里呢?那就是对于学习和成长的共同认可。有些夫妻承认他们需要改变并愿意采取进一步的措施,他们拥有幸福婚姻生活的几率要比其他人高23%。[15]

为什么不率先行动呢?不要等着你的配偶和孩子首先采取行动、改变他们的生活方式,不要责备他们把一切都搞得一团糟,不要试图按照你心目中完美家庭的形象塑造你的家人,你应该对你能控制的一件事情负起责任:你自己的行

第八章

为。家庭成员之间的互相联系就像是一把椅子的四条腿：如果你们中一个人移动了，其他人就得跟着动，不管他们知不知道。所以，做好精英男性最擅长做的事情吧：事事领先。

在本书的最后一章中，我们将回到工作场所，鼓励精英男性——以及与他们共事的那些人——让他们通过获得一位优秀教练的帮助，从而迈向积极的改变。

行动步骤

如果你是一位精英：

- 清楚了解你对压力的反应以及压力对自身健康的潜在影响。
- 思考压力对你的生产率和效率的影响。
- 认清你的压力对你周围人的影响。
- 准备好调整战略，包括持续性战略和应急性战略。
- 重视战略调整，就像你对待优良投资的态度一样：好好关注，并监测它们的进展情况。让你的家庭成为缓和压力的避风港，而不是又一个压力源。
- 认识到精英特质不仅有商业风险，而且有家庭风险。
- 采取措施把精英优点应用于家庭生活，而把精英风险最小化。

如果你与精英共事或一起生活：

- 认清你对精英所造成的压力的反应。
- 看清你的健康和工作效率所面临的风险。

- 采取措施,调整你对精英的压力反应。
- 准备好持续性和应急性调整战略。
- 不要以你的自尊为代价去迎合精英的控制欲。
- 学会划出清晰的界线。
- 要明白并不是所有问题都是你的错。
- 对自己的问题要负起责任。

第九章　训练精英人士

——切实地改变，有效地改变

看到这儿，相信你也一定认为有必要做些改变了吧？但是，如果仅仅认识到改变的必要性就浅尝辄止，在美国也就不会有这么多长期坐着不运动、体重超标的肥胖者了，也不会有这么多烟民了。通常，当我们得到中肯的建议时，如果这些建议看上去难以操作或者需要我们付出特别的努力，我们往往会抗拒——而且还会装模作样地找些借口使内心的抗拒听上去合乎情理，比如，"其实这并不适合我"或者"我没有时间"。我们信誓旦旦，保证以后一定会做到——"以后"可能是指某件事情的最后期限，或许是指孩子长大的时候，也可能是我们退休之后。但是，最最要紧的改变往往应当是现在立即着手，确切地说，眼下的压力最为迫切，时机也最为成熟。唯一需要你做的就是承诺。承诺的重要性，你一定已经很清楚了：你要求你的雇员、你的组员做出承诺，也要

第九章

求自己做出承诺。现在是你为自身改变做出承诺的时候了，你要拿出在工作中担负责任的那种"不成功变成仁"的决心来。

现在的问题是：你有没有坚定的决心去改变自己？你是否会在此过程中对自己负责？你是否会拿出与完成商业目标时相当的坚忍和毅力？你是否会让变化持续下去？

如果你是精英男性，那你一定知道给自己增强优势、消除风险的根本方法。如果你不是精英男性，那你也一定知道如何有效地跟身边的精英打交道。无论哪种情况，为了给精英男性提供有价值的帮助，并使其改变更加具有针对性和深入性，我们强烈建议你与一位合格的教练合作。

如果你是精英老板，对于你来说，也许请教练就好比找一位占星师咨询那样不切实际，那也千万别着急把书合上。

依据我们的经验，往往越是才干超群的精英男性，就越喜欢请教练。像那些成功的运动员、音乐家以及所有已经取得成功、并对自己得到的帮助心存感激的人，他们都认识到了成功过程中蕴含的价值，而且他们也愿意充分利用每一个和教练学习的机会。从另一方面讲，又有很大一部分精英男性把训练当成一种缺乏原则性、科学性和实际意义、风行一时的花哨活动，就好像芳薰疗法一样。要他们去受训简直比扣他们薪水还来得不情愿。尽管也非常尊重培训，但是他们认为"自己"才不需要培训呢。因为公司内部的问题总是"别人"的缺点造成的。然而，最具有讽刺性的事实是——那些最排斥培训的精英男性却是在与教练的合作中收获最大、受益最深的人。

幸好,他们是受益最深的人。一旦精英们认识到培训的种种好处,他们就会变得合作起来,化教练们的"梦魇"为"美梦"。精英人士能够全力以赴、坚持到底,具有极强的纪律性和毅力。无论对于他们个人还是对于公司,培训的效果都是显著的,影响都是深远的。

美国国防供应中心(Defense Supply Center)的前副上校乔治·艾伦(George Allen)就是这样一个例子。国防供应中心位于费城,是国防后勤局中最大的业务部门。国防后勤局中将基思·利普特让凯特对整个后勤局的行政管理人员进行一项深入的全面测试时,乔治没什么兴趣。对于一名事业有成、即将退休的管理人员来说,培训根本就是在浪费时间——尤其是9·11事件发生半年以来,国防后勤局顶着巨大的压力,他们必须确保至关重要的军用物资能够快捷、高效地输送至美国军队。一个从未经手过如此庞大业务的所谓顾问,怎么可能去教乔治怎样做工作?他踱进屋里,丝毫不理会凯特伸出来的手,大吼道:"咱们都不要浪费时间了,我这么做事情都三十年了,想要我改变,太不可能了!"

乔治原以为凯特会努力说服他、让他坐下来谈谈。可是凯特没有,她说:"好吧,你很忙,我也是。如果你不想做任何改变,那么咱俩肯定可以用这四个小时做点儿别的。"她正准备合住摊在桌子上的那本活页夹。"等等!"乔治叫道,"那是什么?"他指着一幅彩色条形图问。凯特解释说,这张图表是在对乔治同事们的全面调查的基础上绘制出来的,它描述了

第九章

乔治在不同能力领域中的优缺点。

对于乔治和凯特之间的培训关系,此时此刻极其关键:乔治好奇了。他开始浏览这些图表:看到自己的很多优点被肯定,作为领导,乔治感到自己受到了极大尊重。但是他也发现,同事们认为他的做事方式令人厌恶,团队观念狭隘、思想保守。最令他愕然的,还要算那些标着"对别人(尤其是总部)的影响能力"的鲜红色竖条了。在乔治看来,给总部以影响——让总部人员看到费城供应中心业务的重要性和按照要求为军队供应物资的必要性——是自己工作中至关重要的一项,但他的分数却低得令他惊讶。得知性格中的精英特质已经禁锢了自己为团队争取最大化利益的能力,乔治目瞪口呆。他坐下来,开始阅读整份报告。

说起那份全面调查报告,乔治说道:"我真的呆住了,我一直认为,可能除了情绪激动和跟别人一争高低的时候,自己的性格还是可爱的。看到这样的评论我简直震惊了:'他极度专横,不是一个合作者'、'他很顽固而且目光短浅'。在我的事业中,我务实、能干、一帆风顺。但数据却表明,在过去的工作中我一次次搬起石头砸自己的脚。我的处境危险,情况很糟,越来越不能够影响别人,也逐渐不能有力地代表我的团队。"

这是典型的精英特质:乔治发现了问题,接受挑战,然后拿出与完成商业目标相同的坚韧和努力去完成任务,改变自己。乔治学着如何与他人结盟合作、如何对他人产生影响,而不是像以前那样去胁迫、威吓。结果却发现,自己实际上具有了更大的影响力。在三个月的时间里,他已明显转变成一个团队合作者,以至利伯特开始称他为"大家的乔治"。利普特说,"现在我要使每个向我报告的人都能受到良好的培训。"

训练可以助你飞翔

在希腊神话中有一个叫伊卡鲁斯的人,他发明了一种飞翔的方法。他穿上一对用蜡加固的翅膀,便像鸟一样在空中飞起。但是,他陶醉于自己的能力,飞得离太阳越来越近,翅膀开始融化,结果掉下来摔死了。像伊卡鲁斯一样,精英男性为自己的能力着迷的同时,却认识不到有时这些能力恰恰也是悲惨的缺陷。他们拒绝改变,在他们看来,能力给了他们飞翔的翅膀。尽管他们也听说自己做事的方式令人不快,但是他们满不在乎,认为这只不过是治疗企业弊病的药方中一个微乎其微的副作用。如果你也是这样一位精英人士,我可以判断出以下几点:(1)你离太阳太近,已经非常危险了;(2)你不需要修剪你的翅膀或者把它们束之高阁,藏在储物箱里;(3)如果你调节一下飞行的高度和速度,你也同样可以使翅膀更加坚固同时降低风险,而且飞得更快、更远。

许多精英男性也承认,如果改变一些的话,必定会有益无害。但是他们认为自己无法改变。精英男性的态度也反映出他们同事的态度:同事们抱怨精英们做事的方式,认为他们不好合作,看到精英无法改变,他们只好辞职。"老狗学不了新把戏"或者"江山易改,本性难移"。本性难移是不假,

第九章

但是狗——尤其是优秀的狗——是可以学习新把戏的。培训并不会改变你性格中的基本特点。精英人士的缺点诸如缺乏聆听能力、争强好胜、缺乏耐心等并不具备什么基因密码;这些不过是一些可以改正或者去除的习惯而已。

你不但可以改变,而且能够主动改变。跟我们大家一样,你也会犯错误、遭遇挫折、取得胜利——所有这些经历都可以告诉你,你性格中的哪些因素是有利的,哪些是不利的。知道了这些,你就会去改变——虽然你不经常这么做,或许对于你来说,你根本不该这么做——但事实是,你改变了。其实人人如此,尽管有时我们并没有意识到、甚至有些时候我们根本就不想改变什么,我们还是会无意识地改变。之后,当看到这些改变能带来一点有意义的回报时,我们就开始有意识地努力去改变。这就叫做动机。

如果有人问你,"什么样的问题会让你晚上睡不着觉?"你会怎样回答?你很可能跟我们大多数精英男性一开始的反应一样,滔滔不绝地数出一连串工作上的问题,像战略性挑战、边际侵占、竞争性定位——都是工作中已经处理得相当好的问题。他们几乎从不担心诸如如何让同事接受他的提议、怎样培训自己的团队以改进业绩这类的问题。他们过于关注那些可以量化的结果,却很少考虑自己人际交往方面的问题——直到他们意识到这两个方面是紧密交织在一起的,因为领导能力上的欠缺给工作带来的影响也是可以量化的。

简单说,如果你做事的方式令他人不快,你对此不以为然的话，那么告诉你这已经影响了你的工作、削弱了你的业绩，相信你一定很重视。如果在会议上调教下属会导致他们的"表现焦虑症"，或即便在你错的时候也坚持你是对的既浪费时间又扼杀了创新，那你还坚持认为改变一下自己的言行会没有益处吗？

此时，培训就要发挥作用了，而且是巨大的作用。就好比一名棒球运动员，他能够在公园练习击球时把球打到园外，但是在比赛场上时却三击不中而且错误百出。同样，你可能已经掌握了大量的业务本领，但是你过于关注某些领域的学习时而忽视了其他方面。或许你一直加强长球的练习，而忽略了细微的技巧。或许你一直关注系统和流程，而忘记了自身的问题。一名好的教练会告诉你怎样成为一个团队合作者，他/她会帮助你调动起你自身巨大的能量、丰富的智慧和坚定的决心，选择一个合适的场合和合适的方式，为你改变自身做好充分的准备。你就等着收获成功吧。

还没被说服？我们还发现，大多数精英男性会担心一旦改变了他们的言行和做事方式，他们高水平的表现能力会受到制约。对于把结果看得高于一切的精英们，这一点我们完全可以理解。他们认为，如果变得更加善解人意、乐于倾听或者宽松管理会让他们的权力减弱。他们担心表现得更加友善可能会既不真实也不有效，不但如此，他们还摆出很多友善可亲、受人爱戴但效率低下、没有成就的经理人的例子。我们向你保证——恰如我们对其他客户承诺的那样——这根本不是要改变你的本性，也不是要把你变得多么温柔。正

第九章

如一位坚韧顽强的经理人责怪我们试图把他变得懦弱无能时,埃迪说的那样:"让你变得懦弱无能了?我可没那本事!"

你需要训练吗?

你可能已经猜到了,在我们看来,不论是年薪九位数、荣登《财富》杂志封面的首席执行官,还是初入职场、满怀雄心、寻求竞争优势的年轻人,都可以在有效的培训中受益。在下面的问题中,如果你对任何一个问题的回答为"是",那你绝对应该接受培训了。

- 你在做精英调查时,在精英风险这一项的得分高吗?
- 当你看这本书中描述的精英风险部分时,你有没有感觉像看到镜子中的自己?
- 对于已经使你取得成功的精英优势,你是否希望更加充分地加以利用?
- 你的发展能力如何影响了你的工作表现,通过测试你是否受到启发了呢?
- 你的意愿和结果之间是否总是存在偏差?
- 你是否经常会遇到违约和交流不畅这样的意外呢?
- 你是否希望你的团队能够围绕你设定的目标和战略更加紧密地团结在一起?
- 公开的抱怨和泄愤是否会动摇已经做出的决定?
- 亟须你处理的个人事务是否经常与你工作的要求相冲突?

选对教练

根据我们的经验,精英男性领导人最好选择具有以下特点的教练合作:
- 坚强、直接、持之以恒;
- 思维迅速、反应机敏;
- 自信、有胆识、有勇气;
- 良好的分析能力和逻辑思维;
- 能够化繁为简——把复杂的变化分解为简单的几步;
- 情商高,通情达理、善解人意;
- 不据理力争。

然而,教练自己并非一定得是精英人士。他们本身具备几条精英特质当然会好一些,如果他们具有与能力超群、成绩卓越的精英客户打交道的经验的话就更好了。你得知道,教练们是否了解精英男性的处事原则和权力范围。否则,他们是很难体会到你的两难处境的。此外,还要确认他们也具备同样的个人能力和自信心。如果你地位显赫或身份不凡,他们就崇敬万分而不知所措;如果他们总是想取悦于你;如果你一旦与他们意见相左或者质疑他们的判断,他们就紧张慌乱、畏首畏尾,或者情绪激动、据理力争的话,他们很快就会失去你的尊重,你们的培训关系也就此完蛋了。

另外,荷尔蒙也在其中发挥一些微妙的作用。由于你很可能被要求做一些平时对你来说不太容易的事情,因此,你一定要选一位能够与之产生共鸣的教练。倒不必说你们一

第九章

定得是好兄弟,至少你们和谐友善、彼此信任,乐于一起消磨时间。如果能建立亲密的友谊就更好了:有个共同的兴趣——比如体育——或者两人都很有幽默感都会使一切容易一些。但是真正和谐友善的关系是彼此之间能够实事求是、开诚布公,而不必担心如何被评价或是否有资格。做到这一点,说明你已经为切实持久的改变打下了根基;没有这个根基,培训的效果就会打折扣。

作为精英男性的教练,必须具备的最重要的品质可能就是在勇气和关心之间不断进行平衡了。你的教练要敢于表明他的想法,而又在必要的时候思想坚定,能够面对你的质疑和反对。有些教练不愿意告诉你艰难的事实,这样的教练肯定不可能收获最好的培训效果。同时,你的教练还需要关心你。当你最大的缺点和忧虑在他面前一览无余时,你一定要相信他会帮助你、支持你。还有一点,你们的关系必须牢不可破。这样,在你们之间出现任何问题、面临种种压力时,你们都能够顶得住。所以,你就需要找一名坚定大胆、敢于直言不讳又富有同情心、善于理解和体谅的教练。

一旦选择了合适的教练,你们两人一定要下定决心,长久地坚持下去。你要安排充足的时间,不断进行沟通和跟进工作。如果你是一位典型的精英男性,很快你就会发现情况开始好转,而且还会感到,自己风格的改变完全在自己的掌控之中。你会庆祝自己又出色地完成了一件工作,感激教练给予的帮助,然后继续前进。这个过程中当然也有危险。一旦遭遇压力或挫折,你很可能退回到老路上去,好不容易勇敢地做出的改变和刚刚播种下的新习惯会被你抛到一边。就好像新鞋总是不如旧鞋合脚；旧鞋虽然磨损破旧，但还是穿着舒服。一般情况下，此刻是你向教练求助的时候了。一名优秀的教练能发挥的关键作用就在于此——他能够帮助精英人士把事业中坚忍不拔的精神应用到个人改变中去。一名好的教练会提醒你，你在进行一场马拉松比赛呢。在整个行程中，教练应当始终做好跟进工作，不断提醒你、督促你为自己的目标努力，推动你不断前行。剩下的事就靠你自己来做了。

我们鼓励你，希望你能够充满信心、勇敢无畏地进入你的新生活。但是，你也要做好遭遇挫折的准备。现在的问题并非你是否会遇到挫折，而是你会在什么时候遇到挫折、会遇到多少次挫折。更关键的问题是：挫折之后你是否会从头再来，重新设定目标，重新下定决心，继续前行？当挫折出现的时候，你会发现自己倒退到先前错误的精英症候状态。如果你发现自己又开始试图去教训别人、改变别人的时候，你就得提醒自己——或者让你的教练提醒你——应当把注意力始终放在你可以控制的一个人身上：你自己。记得经常问一下自己："挑战自己的思维和习惯时，我可以从中收获什么？"如果你的确看重责任感的话，那就首先为自己负起责任来吧！

首先，你要下定决心，把改变进行到底，让自己走向成熟。通过不断的改进观念和习惯，你逐渐可以改变原有的精英动态格局：你已有的优点非但不会减弱，弱点还会转变成

第九章

新的优点。如果你敢于迎接这个挑战,无论对于你个人还是你的职业生涯,这个过程都会是有益的。不但如此,你也会为你的家庭、公司、社区乃至整个社会带来巨大的好处。世界将不堪精英男性带来的负面效应,但是对于他们的优点,世界还是一如既往地欢迎并接受。

附录 A 精英抽样测评报告

精英测评报告是在调查结果的基础上对一般行为模式做出的概括,而不是对精英优势和风险的具体评价。这份报告可以当作一本指南——增强对自己行为倾向及潜在风险的了解并帮助做出相应改进。改进的关键在于,你需要对自我发展和自我改进怀有兴趣,并时刻保持警惕,杜绝产生任何保护意识和对学习的抵触情绪。

评估结果大致可以分为以下三个部分:

1. 第一部分中,主要从精英优势和风险两方面来讨论一般性精英特征。此项是根据对精英特征的整体评估得出的总分。

2. 第二部分是继总分之后做出的四项单独评价,精英特征被分为以下四种类型进行分析:指挥官、梦想家、战略家和实干家。

● 指挥官是天生的领袖,他们知道怎么让人们去做事情。

附录A

- 梦想家高瞻远瞩、踌躇满志，但总是梦想不可能实现的目标。
- 战略家擅长抽象思维、解决问题和计划部署。
- 实干家是顽固的执行者，他们深入细节并充满责任感。

3. 第三部分对精英人士常见的三种具体行为模式进行了介绍：争强好胜、缺乏耐心和易怒。

精英的一般性特征

在表A—1的左图中，0刻度上方的深色竖条表示你

图A—1 精英测评样表

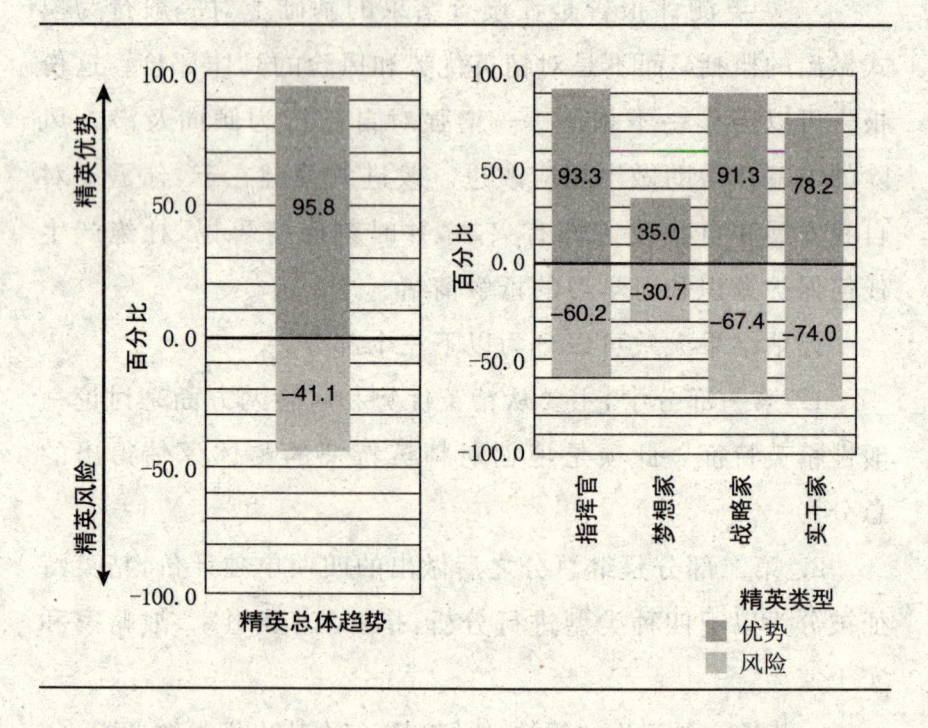

的精英优势所占的百分数,而(向下延伸的)浅色竖条表示你的精英风险所占的百分数。右图也按照同样方式对四种类型的精英进行了优势及风险分析。要想搞清楚你分数的真正含义,最好的办法就是把你在不同类型中的得分进行比较,注意你在哪些类型中的分数最高和最低。

你的精英优势和风险总评

你充满自信、才能卓然,做起事情来坚持不懈,所定目标无所不成,是一位屡战屡胜的成功者。你性格坚韧、持之以恒,总是很好地扮演"领头羊"的角色。你热爱挑战,善于抓住机遇冲破藩篱,或是克服在别人看来无法逾越的障碍。你胆识过人,选择你认为最有益企业发展的道路,却往往缺少拥护者。但在经商和金融领域,你却很可能计划缜密、谨小慎微。

你看重结果,付诸行动努力实现。尤其是在工作中,为了达到目标,你决策果断、行动迅速,在头脑中始终保持胜利的愿景,而他人都一致地给予你支持。当然,你也很可能在自我愿景的推动下而努力工作——对你来说,成功并不局限于眼前工作中所取得的成就,你为之努力的是一份高尚的事业。

你通情达理,善于倾听他人的想法,并会根据新信息改变自己的主意。与许多精英不同的是,你看重人际关系,并且乐于与团队一起实现共同目标。

如何使你的精英风险最小化?

- 调查结果显示你具备许多优势,尽管你的风险更加细

附录 A

微一些，你还是应当注意它给别人带来的影响，并且要充分运用自己的优势。

- 留意一下，看看自己顽固强硬的领导风格给他人带来怎样的影响。了解团队成员的个性特征，然后相应调整自己的风格，达到生产效率最大化。
- 继续与团队成员搞好关系并适时地向他们表达感激。多多强调他人取得的积极成果，你会继续塑造一个良好的竞争环境——你的队员们挑战自我，然后为实现目标全力以赴。
- 如果你总是强迫自己并给自己施加很大的压力，那么你就需要注意压力是否给你的健康造成了不利。

精英类型

以下章节是对每一种精英类型优势和风险两方面的概括以及提出的一些改进方法：

指挥官的优势和风险

指挥官是天生的领袖，他们总会赢得别人的尊重和信任。如果你具备显著的指挥官优势，在工作中你一定精力充沛、激情四射。你胸怀远大、志存高远，为了实现目标勇于冲破重重阻碍。

作为一名指挥官，你能够激发他人能力，促使他们发挥出最高水平。你对胜利和成就的向往富有感染力，你的自信具有推动力。相比而言，有一些指挥官更加擅长人际交往，毫无例外，他们都非常清楚怎样才能激发人们的动力，并促使他们不断向目标努力。

如果你的优势极其显著突出，加之你身居高位、权力显赫，即便你言行得体、方法得当，你也很可能会给他人带来威慑感。因此，你需要留意别人如何处理与你的关系，也应当多花一些时间与他们交流沟通，使他们跟你在一起感觉轻松自如。这样一来，他们再有什么问题或麻烦就会开诚布公地与你讨论。

如果你的指挥官风险也比较突出，那么很多时候你一定是坚守己见，不断强调自己的观点。当你过于坚持自我的时候，别人可能会认为你顽固不化、专横傲慢。尽管人们最终也会遵从你的指示，但是你的领导风格却很可能扼杀积极性，减少互动，最后削弱向心力——而这些对于加强团队成员之间的信任和支持都是至关重要的。你精明睿智，主意灵活巧妙，但是却往往忽略他人的帮助。如果与他人合作，一定会给你的想法锦上添花的。

一旦团队没有达到你的预期目标，你总是灰心丧气，而不会认真考虑是否因为自己未能把意图表述清楚。你所面对的挑战是要更加关注你给别人带来的影响，从而完善自己的领导能力。

如何使你的指挥官风险最小化？

- 要注意自己是否总是对别人颐指气使。多提问题，了解别人解决问题的办法，然后把自己的主意与别人的综合起来。如果想出的办法中集中了集体智慧，那么

附录A

这件事情就会得到大家更好的支持和贯彻。
- 注重合力的作用。要多多向同事请教,了解别人希望获得怎样的结果,并且知道他们希望你做什么。
- 逐渐学会对他人做出积极的评论,以有利于他人获益或学习;别人对你或你的团队给予帮助,要积极反馈,对其价值给予肯定。

梦想家的优势和风险

你在梦想家这一类型中的得分说明——你不会花费很多时间去为团队规划长期目标。你更加倾向于在一些实际的事情上运用创造力,充分发挥个人以及团队的优势。可是你会想出各种可能的和创新的方法来做事情,而且一旦有机会,你就会大胆表现,把自己的想法讲给人们听。换句话说,实际上你是一位带有一点想象力的现实主义者。

当你按照想象或以一种创新的方式去做事情时,你会倾听他人的想法并借助他人的力量。尽管有时人们的想法与你的主意相悖,可是在你看来,或许自己的主意也不是那样完美无缺、无懈可击,所以你也不会固执己见。

如何使你的梦想家优势得到充分发挥?
- 用心思考,找一些超出每个人"适宜室温"的主意来挑战人们的承受能力,当然也包括你自己的承受能力。
- 花些时间向别人请教问题的解决方案。通过从别人那里广泛征集来的一系列意见来拓展自己的思维。
- 既要进行头脑风暴同时又要评价孰优孰劣或许不太

容易。所以,当你进行头脑风暴的时候,就先只专注于想出点子来,然后第二步再另行考虑该如何操作。
- 找与你思路不同的人来检测你的想法,运用这些人的智慧能够确保你的想法既进一步得到扩展延伸,又不失可行性。
- 把你的主意与人们进行广泛交流,同时要获取支持、建立联盟。

战略家的优势和风险

在战略家优势上得分很高的人,一般具有较强的理性思维和分析能力。战略家往往都是睿智的分析者,他们智商奇高,思维异常迅速。他们的线性思维和逻辑思维能力高超,并具有深刻的洞察力和丰富的创造力。战略家可以说是既聪慧非凡,又不乏方法、有条不紊——只要给出前提,他们就能够轻而易举地得出结论。战略家天生擅长思考——为了一件事情,他们能够摆出所有变换的可能,然后决定最佳的行动方案。

作为战略家,你提出的问题总是直中要点,并不断围绕主题获得重要的支持数据和事实。你以书面的形式与人们沟通。清楚明确地交流你的见解。你擅长计划,富有远见卓识,能够在企业模式的探索中取得突破。

然而,你也具有一定的战略家风险。正是由于你具有强大的战略家优势,在任何情况中你都相信自己的主意最棒、方法最正确。你还可能会低估他人的技能和才华,而高估自

附录 A

己的贡献。

如何使你的战略家风险最小化？

- 培养自己的好奇心，对他人的想法感兴趣并能够理性倾听。
- 经常与人们见面并深入交谈，征求他们的意见并仔细思考他们的观点。学会综合别人的想法，集各家所长，得出最佳思路。
- 记住，对于别人给你出的主意——尽管它们可能听起来浅显笨拙或者用处不大——你也一定要热情欢迎。

实干家的优势和风险

实干家以行动为导向，注重事情结果，能够自我约束，做事坚持不懈。如果你在实干家优势这一方面的得分相对较高，那么你一定喜欢按部就班——当然也不至于教条主义。你还看重过程，但也不像吹毛求疵的人那样时刻不停地追踪着工作的进行。

你目光敏锐，对项目上的重要细节没有丝毫疏忽，总是很容易就发现缺失的东西。然而有时你也会"不请自到"——主动给别人提出建议或者无意识地指挥别人的行动，尽管他们自身一向都业绩突出、表现优异。你不时把问题归咎于他人搞不清工作任务，却不能全面审视自己，认识不到自己未能把自己的想法明确与他人沟通，更不会承担应有的责任。尽管你在实干家风险方面的得分并不高，但这还是表明：在所有这些项目中，你与他人互动的能力都应进一步加强。

如何使你的实干家风险最小化？
- 花点时间给你的团队培训或者给他们指导——你的这项优势既能得到充分发挥，又会为你带来很高的回报。
- 注意改变自己对工作过度控制的倾向，你应当学会给团队成员授权、然后放手让他们自己去做。
- 注意改正自己总是提出高标准的习惯，尽量把你对他人冰冷的批评转化为礼貌的要求。
- 还要留意平时工作中什么样的方法奏效，然后适时做出积极的评价，表达出你的认可和欣赏。

精英行为主题

以下这部分内容主要论述了精英行为中经常出现的三大主题：你控制愤怒的能力、你争强好胜的程度，以及你在工作中的宽容度和耐心。

愤怒

你这一部分的测试结果表明：在工作中控制自己的挫败感和怒火，对你来说还是有一定挑战性的。尽管大多数时候你能够抑制自己的愤怒，但是你一定也有让情绪占了上风、失控发怒的情况。比如说，你可能不假思索随口就说出辛辣刻薄的话来，当时自我感觉滑稽有趣，可事后却懊悔不迭。或者当你的想法不能被同事们理解的时候，你又控制不住地

附录 A

恼火烦躁。而且，在令人压抑郁闷的会议上，你的脸部和肩部肌肉始终无法放松；或者当你面临挫折或困难时，身体会有其他不适的症状。如果"情绪管理"对你来说不是一个根本问题，那么认识到这一点也非常重要：如果你不能有效地支配自己的情绪，坏情绪给工作带来的影响绝对是消极的、具有破坏性的。因为愤怒不但占据你宝贵的时间，还束缚你的理性思考，更使其他同事与你疏远，直至令你孤立无援。

可能"情绪管理"不是你的首要问题，但起码是你应当下工夫改进的一个方面。根据你的测试结果，最好对这个问题重新予以考虑，然后做出相应改变——比如按照下面列举的这些办法去做——这样有利于你建立良好的工作关系。

如何更好地管理你的情绪？

- 把突发的紧急情况与其他不那么紧急的事情区别对待。如果没有清楚区分这些事情的优先级和重要性，而对所有的事情都一律紧张对待的话，不但浪费自己的时间和精力，也浪费别人的时间和精力。
- 尽管有些人说，发泄愤怒具有排解疏导的作用，但是研究表明，发怒会引起压力和进一步的愤怒。
- 对自己在工作中的一次失控发火深刻反省，想象一下自己如何以一种更加沉稳和理智的方式来处理这种情况。考虑新的处理方式会给这件事情带来怎样的影响、会给同事带来怎样的影响；会如何影响你已经作的决定、会如何影响团队对你的看法。头脑清醒、行为冷静、决策稳健,你一旦清楚地认识到其中的益处,那么你就会有动力对你平时的行为做一些必要的改进。
- 尝试下面这些不同的办法,可以帮助你释放愤怒和受挫的坏情绪。例如,离开办公室出去走一走、做一下深呼吸或者临时放下手上的事情、中断一下思维。试一试这些方法,然后找出哪一种对你最适用。

争强好胜

你在此项的得分位于第三档上,照此来看你的好胜心比其他人更强。相对他人而言,你更容易拿自己与同事做比较、更倾向于把加倍的努力当成未决胜负的比赛,更爱把世界一分为二地看做成功者和失败者的组合。尽管如此,你经常会用自己的标准和个人目标来衡量工作的价值;你不仅希望超越他人、独占鳌头,更热衷于超越自己、将自己的能力发挥到极致。一般而言,你的好胜于你更是一种资本而非负债。

尽管你好胜的本性可能没什么大问题,但是看看以下这些建议对你还是有益的。按照下面的方法做会帮助你创造一个更加健康、更加高效的工作环境。

如何打造积极健康的竞争力?
- 注意别人给你的一些细微的暗示,而且要加以重视:或许这表明你强悍激进的竞争言行已经令别人感到些许胆怯和气馁了。

- 同样,学会在各种情境下察言观色,看自己是否已经引起了别人的负面情绪。当你把一个新项目当作一场比赛,而且感觉自己胜券在握并自得其乐时,要注意了,竞争总会在此时变质。你需要认识到自己何时已经做过了头、明白自己的好胜心从什么时候开始令人们不悦。

缺乏耐心

一旦发现别人工作不力,就很容易感到焦躁不安,尽管你可能会努力掩盖你的情绪。如果队员们的工作始终不得要领,尽管你会很烦躁,而且对他们苛刻挑剔,但整体来说,你还是会保持自己的言行得体。为了保持与同事之间和谐友好的工作关系,你总是压抑住自己的烦躁情绪和尖锐的想法。但是偶尔也会把这些感觉和想法表现出来,一两句尖刻的话语或漫不经心的评价,都会使团队感觉到你的消极态度。队员们的表现总是不尽如人意,尽管这总是令你感到急躁和挫败,你还是会非常体谅并且表现宽容,因为你明白人总是会犯错误,只有体谅和宽容才能创造一个相互尊重的工作环境。

你的高标准、严要求不但能够保证自己的工作按部就班、有条不紊,还能激励你的同事追随你、支持你并且全力以赴地工作。但是当别人无法达到你的高标准时,你的言语和举动非但不会让他们备受鼓舞、继续改进,反而会破坏信心、消沉士气。为了让你的团队士气更加高昂、运作更加高效，你最好采用以下这些办法。这些以鼓励为主的方法，运用在工作中能够很好地激扬士气。

如何增加你的宽容度和敏感性？

- 与别人打交道时，尽力表现得耐心一些。可能你对他们的观点并不认同或对他们的想法并无兴趣，但是如果你诚恳地承认他们的付出，并以平等尊重的方式与他们沟通，你就可以由此打造更加和谐完美的团队关系。
- 学会如何为他人设置更加现实的目标。与其期望队员达到最高水平、而后在他们表现得不尽如人意的时候对他们灰心失望，还不如一开始就为他们定下合理、实际的目标，让他们顺利完成。这样做既可以免除你的失望情绪，又可以使你的队员因他们的工作而骄傲自豪。或许你会担心轻而易举的成功会滋生人们松懈拖拉的工作习惯，然而研究表明，事实上，成功的记录不仅会提升人们的表现，还利于长期维持优良的业绩。
- 正确认识团队的力量和成绩，并予以正面评价。更多强调积极的方面，你会逐渐建立一个良好的工作环境。在这种环境下，人们勇于挑战自我并不遗余力地向目标前进。

附录 B 精英变量表

我们对参与调查的 1,646 位对象进行了三场不同的测试,他们每人都要回答 200 多个问题。在这个过程中,我们制作出了精英人士测评报告。这 200 多个问题是围绕以下 10 个变量设计出来的:精英的一般性优势和风险、四种类型的精英——指挥官、梦想家、战略家和实干家——各自的优势和风险。参与者还需要完成一系列的补充评估测试,包括对 A 类性格、先入为主、自我保护以及焦虑程度的测试。[1]

在我们的不断努力下,调查问卷的最终版本包括 120 个项目,并能计算出 10 个变量中每一项的标准化得分。本附录中所列出的补充测试结果是在我们第三次和最后一次的有效样本的基础上得出的,对象包括 1,523 个《哈佛商业评论》的读者。

表 B—1 所表示的是每一个评估变量与其他变量的关联程度。说得再具体一些,即不同变量之间的相关系数(皮尔

附录 B

森线性相关系数)。[2]如表中所示,在精英一般优势和一般风险变量之间有较强的正相关关系。也就是说,精英在一般优势上得分越高,则在一般风险上的得分就越高。这种关联进一步证实了我们做出的四个基本假设中的一个:精英人士自身的才能越突出,其带来的负面影响就越大。

表 B—1 还显示了一般优势与指挥官、实干家、战略家、梦想家优势之间的正相关关系。同样,一般风险与指挥官、实干家、战略家、梦想家风险之间也有较强的正相关关系。因而,整体上说,那些积极健康特性较突出的人往往在他本类型的优势变量中得分较高,而那些消极不利特性较突出的人往往在他本类型的风险变量中得分较高。

表 B—1 变量相互关联表

变量	一般优势	一般风险	指挥官优势	指挥官风险	梦想家优势	梦想家风险	战略家优势	战略家风险	实干家优势	实干家风险
一般优势	1.0									
一般风险	.40	1.0								
指挥官优势	.70	.07	1.0							
指挥官风险	.42	.75	.17	1.0						
梦想家优势	.50	.28	.37	.19	1.0					
梦想家风险	.17	.58	.07	.29	.49	1.0				
战略家优势	.70	.37	.25	.36	.12	.01	1.0			

战略家风险	.28	.76	-.04	.50	.18	.32	.36	1.0		
实干家优势	.67	.29	.31	.37	.03	-.10	.44	.16	1.0	
实干家风险	.39	.73	-.01	.49	.01	.24	.41	.53	.44	1.0

表 B—2 所表示的是调查对象在 10 项变量中每一项的平均值(最小值为 1,最大值为 5),以及每项变量之间的性别差异。在一般精英优势和风险变量中,男性得分略高于女性。尽管这些差异非常微小,但从统计学的角度来看,它们还是具有一定意义的。

表 B—2 精英优势和精英风险的平均值和标准差(包含性别差异)

因素	所有参与者			男性			女性		
	人数	平均值	标准差	人数	平均值	标准差	人数	平均值	标准差
一般精英指数*	1,523	3.24	.41	983	3.28	.40	539	3.17	.40
一般精英优势*	1,523	3.58	.43	983	3.62	.42	539	3.50	.43
一般精英风险*	1,484	2.89	.53	959	2.93	.53	524	2.82	.53
指挥官*	1,484	3.30	.53	959	3.34	.54	524	3.23	.51
指挥官优势	1,484	3.65	.65	959	3.65	.66	524	3.64	.65
指挥官风险*	1,484	2.96	.73	959	3.03	.73	524	2.83	.71
梦想家	1,308	3.43	.54	848	3.44	.54	459	3.42	.54
梦想家优势	1,308	3.59	.58	848	3.59	.58	459	3.57	.59
梦想家风险	1,307	3.27	.68	847	3.28	.58	459	3.24	.67
战略家*	1,356	2.92	.61	878	2.99	.60	477	2.80	.60
战略家优势*	1,330	3.37	.72	861	3.46	.71	468	3.21	.73
战略家风险*	1,356	2.49	.71	878	2.55	.72	477	2.40	.68
实干家	1,356	3.41	.53	878	3.43	.54	477	3.39	.52
实干家优势	1,356	3.67	.62	878	3.67	.63	477	3.66	.60
实干家风险**	1,341	3.15	.64	870	3.18	.64	470	3.11	.63

注:因为在几项调查中,参与者未能完成某些变量中的部分或者全部

附录 B

问题(如在调查过程中中途退出),因而变量测试的对象数量有所不同。完成全部变量测试的调查对象人数从 1,307 到 1,523 不等——其中男性调查对象人数最少为 847,最多为 983;女性调查对象人数最少为 459,最多为 539。该附录中测评报告出具的所有数据,仅当调查对象完成某一个变量中的所有项目时,该变量得分才予以考虑。

由于我们说"一个人"时,并不指明其性别。因而该表中"男性"和"女性"两栏人数相加并不一定等于"所有参与者"一栏的人数。

* 在独立样本的 t 检验中[t 检验是用于小样本(样本容量小于 30)时,两个平均值差异程度的检验方法。它是用 t 分布理论来推断差异发生的概率,从而判定两个平均数的差异是否显著。——译注],当皮尔森相关系数 $p<.001$ 时,性别差异显著。

** 在独立样本的 t 检验中,当皮尔森相关系数 $p<.10$ 时,性别差异不明显。

除此以外,在四种精英类型的变量测试中(优势和风险综合来看),精英男性的得分也普遍较高。值得注意是,性别因素在指挥官和战略家两个变量表中的差异非常大,而在梦想家和实干家的变量表中的差异并不大。精英优势和风险变量表也反映出类似的情况:精英男性在各项变量中的分数都较高,而仅在半数的情况下,男性—女性在数据上的差异才能显现出来。尤其突出的是,在指挥官风险一项以及战略家所有的变量中,男性得分显著高于女性;而在其他变量得分中,性别差异并不明显。

表 B—3 表示的是三大不同主题(易怒、缺乏耐心和争强好胜)的风险以及风险类型变量之间的相关系数(皮尔森相关系数)。一般来说,这三个风险主题与每一个风险类型下的变量都是紧密相关的。几乎在所有情况中,这些关联都很能说明问题。我们发现,愤怒与一般精英风险、指挥官风险和战略家风险之间的关联尤为明显——对于精英男性和精英女性均是如此。而另一方面,值得注意的是,缺乏耐心几乎与梦想家风险之间没有任何关联。因而尽管表B—3清楚地表明这三个风险主题与每一种风险类型的变量紧密相关,但某些项目之间的关联明显强于其他项目之间的关联。

表B—3 风险主题得分与风险类型得分之间的关联(包含性别差异)

主题与类型	所有参与者	男性	女性
一般精英风险			
易怒	.63*	.62*	.63*
缺乏耐心	.43*	.43*	.42*
争强好胜	.37*	.38*	.34*
指挥官风险			
易怒	.55*	.54*	.54*
缺乏耐心	.37*	.38*	.33*
争强好胜	.34*	.35*	.31*
梦想家风险			
易怒	.23*	.24*	.23*
缺乏耐心	.05**	.08**	-.01
争强好胜	.20*	.18*	.23*
战略家风险			
易怒	.51*	.46*	.59*
缺乏耐心	.27*	.25*	.30*
争强好胜	.24*	.21*	.29*
实干家风险			
易怒	.42*	.42*	.41*
缺乏耐心	.42*	.42*	.42*
争强好胜	.28*	.29*	.26*

* 当皮尔森相关系数 $p<.001$ 时,关联明显。
** 当皮尔森相关系数 $p<.05$ 时,关联明显。

附录 B

表 B—4 表明了这些风险主题与性别之间的关系。

表 B—4　精英风险主题与性别因素的关联

因素	所有参与者	男性	女性
易怒*			
平均值	2.98	3.04	2.86
人数	1,484	959	524
标准差	0.55	0.54	0.55
争强好胜			
平均值	3.49	3.51	3.46
人数	1,523	983	539
标准差	0.49	0.48	0.51
缺乏耐心*			
平均值	3.66	3.70	3.59
人数	1,356	878	477
标准差	0.57	0.57	0.57

注：由于我们说"一个人"时，并不指明其性别。因而该调查中"男性"和"女性"两栏人数相加并不等于"所有参与者"一栏的人数。

*在独立样本的 t 检验中，当皮尔森相关系数 $p<.001$ 时，性别差异显著。

注　释

第一章

1. *Oxford English Dictionary*，网络版，http://www.oed.com。

2. Jeanine Prime, "Women 'Take Care,' Men 'Take Charge': Stereotyping of U. S. Business Leaders Exposed," Catalyst report, October 19, 2005.

3. 本书中所有案例都是真实的。一些情况下，由于匿名需要，人名或公司名被省去或使用了化名。

4. *The American Heritage Dictionary* (Boston: Houghton-Mifflin, 1992).

5. Thomas A. Stewart 与 Louise O'Brien 的私人电子邮件内容，January 2004。

6. Richard Farson, *Management of the Absurd* (New York: Simon & Schuster, 1996), 137.

7. Jerry Useem, "America's Most Admired Companies," *Fortune*, March 7, 2005, 67.

8. 按年代事件编入 James B. Stewart, *Disney War* (New York: Simon & Schuster, 2005)。

9. "Complaining About Bad Bosses Is a Big Time Drain," www.badbossology.com, 发布于 October 4, 2005。

注释

10. 除非特别说明,本章中所有未标注的引言均出自 2005 年至 2006 年作者与客户的交谈内容。

11. A 类性格会在第八章中详细讨论。

12. 我们使用了 IPAI 16 种人格因素评估标准来衡量高度压力和紧张状态。

13. 这些性别差异在使用多元素逐步回归法分析年龄,教育程度及是否担任领导职务等因素时仍具有统计学上的意义。

14. 关于抵触心理及如何摆脱抵触心理,参见第六章。

15. 性别差异的调查研究所反映出的一般趋势基于平均统计结果。实际情况中的男性和女性表现各有不同,任何个人的特征表现都有可能近于异性的平均趋势。

16. Hal R. Varian, "The Difference Between Men and Women, Revisited: It's About Competition," *New York Times*, Economic Section, March 9, 2006.

17. Prime, "Women 'Take Care,' Men 'Take Charge.'"

18. National Institute of Mental Health, "Gender Differences in Behavioral Responses to Stress: 'Fight or Flight' vs. 'Tend and Befriend,'" December 1, 2003, http://www.MedicalMoment.org.

19. Janet Guyon, "The Art of the Decision," *Fortune*, November 14, 2005.

20. Simon Baron-Cohen, *The Essential Difference* (New York: Basic Books, 2003), 38—42.

21. Jia Lynn Yang, "Alpha Females," *Fortune*, November 14, 2005, 91.

22. Patrick Dillon, "Peerless Leader," *Christian Science Monitor*, March 10, 2004.

23. Heather Clancy CRN 节目中与 Steven Burke 谈判时, www.crn.com, November 11, 2004。

24. William Meyers, "Keeping a Gentle Grip on Power,"

USNews.com, October 31, 2005.

25. Dillon, "Peerless Leader."

26. Tiziana Casciaro 和 Miguel Sousa Lobo, "Competent Jerks, Lovable Fools, and the Formation of Social Networks," *Harvard Business Review*, June 2005, 94。

27. Kevin Voigt, "Malevolent Bosses Take a Huge Toll on Business," *Wall Street Journal*, March 15, 2002.

28. Michael Crom, "The New Key to Employee Retention," *Leader to Leader*, Fall 2000, 12.

29. Morgan W. McCall Jr. and George P. Hollenbeck, *Developing Global Executives: The Lessons of International Experience* (Boston: Harvard Business School Press, 2002), 162.

第二章

1. Andy Serwer, "The Education of Michael Dell," *Fortune*, March 7, 2005, 72—82.

2. 精英类型与MBTI类型指标(很成功并被广泛应用的测试工具)得出的结果不尽相同。我们发现MBTI模型在团队建立方面优势突出,而精英分类则在帮助客户理解其个人风格并作出适当改变方面更胜一筹。

3. 除非特别说明,本章中所有未标注的引言均出自2005年至2006年作者与客户的交谈内容。

4. 我们的研究显示,愤怒与所有四种类型的风险都具有较高的关联性。

5. William Shakespeare, *As You Like It*, act 2, scene 7 ("All the world's a stage, and all the men and women merely players").

6. 见 Gay Hendricks, *Conscious Living* (San Francisco: HarperCollins, 2000); www.Hendricks.com。

7. 访谈过程得益于凯瑟琳·亨德里克斯博士所做的深入实地考

注释

察。她开发了此项工具并教我们运用于公司环境中。

第三章

1. 除非特别说明，本章中所有未标注的引言均出自2005年至2006年作者与客户的交谈内容。

2. 该次级量表有着正常的分布趋势。性别差异在使用多元素逐步回归法分析年龄、教育程度及是否担任领导职务等因素时仍具有统计学上的意义。

3. "Workplace Dealbreakers," *Training and Development*, April 2006, 13—14, 引自 www.badbossology.com。

4. "The Best and Worst Managers of 2004," *BusinessWeek*, January 10. 2005, 57.

第四章

1. Desmond Morris, *The Human Zoo: A Zoologist's Classic Study of the Urban Animal* (New York: Kodansha America, 1996), 51—52.

2. 除非特别说明，本章中所有未标注的引言均出自2005年至2006年作者与客户的交谈内容。

3. Bill Burnham, "Just How Much Did VCs Pocket on Google?" *Burnham's Beat*, June 24, 2005.

4. Don Durfee, "Watch Your Back: As Companies Map Their Growth Strategies, They Should Pay More Attention to the Hazards They Entail," *CFO*, August 2000, 61.

5. 同上。

6. Loren Fox, "Meg Whitman," *Salon.com*, November 27, 2001.

7. Roderick M. Kramer, "The Harder They Fall," *Harvard Business Review*, October 2003, 65.

8. 引自 http://www.thinkexist.com。

9. Brent Schlender,"Ballmer Unbound," *Fortune*, January 12, 2004.

第五章

1. 除非特别说明,本章中所有未标注的引言均出自2005年至2006年作者与客户的交谈内容。

2. W. D. Crotty,"Eaton Trucking Along," *The Motley Fool*, October 17, 2005, www.fool.com.

3. John Kotter 和 Dan S. Cohen, *The Heart of Change: Real-Life Stories of How People Change Their Organizations* (Boston: Harvard Business School Press, 2002), 2。

4. Elkhonon Goldberg, *The Executive Brain: Frontal Lobes and the Civilized Mind* (New York: Oxford University Press, 2001), 95.

5. David Perkins, *Outsmarting IQ: The Emerging Science of Learnable Intelligence* (New York: The Free Press, 1995), 152—154.

第六章

1. 除非特别说明,本章中所有未标注的引言均出自2005年至2006年作者与客户的交谈内容。

2. Jon Meacham,"A Road Map to Making History," *Newsweek*, January 24, 2005, 42—44.

3. Sam Farmer,"Bill Belichick," *Los Angeles Times*, January 24, 2005, D1.

4. Robert Hogan,"Anomalous Leadership," January 2006, www.hoganassessments.com.

5. Deborah Tannen, *You Just Don't Understand: Women and*

注释

Men in Conversation（San Francisco：HarperCollins Publishers，2001）.

6. Dean Takahashi,"HP Drops Profit Bombshell, Fires Execs," *San Jose Mercury News*, August 13, 2004.

7. Gary Rivlin,"He Naps. He Sings. And He Isn't Michael Dell," *New York Times*, September 11, 2005.

8. C. W. Meisterfeld 和 Ernest Pecci, *Dog and Human Behavior：Amazing Parallels/Similarities* (Petaluma, CA：MRK Publishing, 2000), 71.

9. Kate Ludeman, *The Worth Ethic* (New York：Dutton, 1989), 101.

第七章

1. 除非特别说明，本章中所有未标注的引言均出自 2005 年至 2006 年作者与客户的交谈内容。

2. Henry P. Sims Jr.,"Grading *The Apprentice*," *SMITH Business* 6, no. 2 (Spring 2005)：3.

3. Henry P. Sims Jr.,"Trump Poor Model to His 'Apprentices,'" *Baltimore Sun*, January 23, 2005, 6F.

4. 出自 Robert Shapiro 为 Monsanto 公司高管所作的一次演讲，1997 年 1 月。

第八章

1. Elkhonon Goldberg, *The Executive Brain：Frontal Lobes and the Civilized Mind* (New York：Oxford University Press, 2001), 69—71 和 89—91.

2. Anne Underwood,"The Good Heart," *Newsweek*, October 3, 2005, 51.

3. Robert Eliot, *From Stress to Strength：How to Lighten Your*

Load and Save Your Life (New York: Bantam, 1994), 22—46.

4. John Sarno, *Healing Back Pain: The Mind-Body Connection* (New York: Warner Books, 1991), 29—58.

5. Gay Hendricks and Kathlyn Hendricks, *At the Speed of Life* (New York: Bantam Books, 1993), 34—35.

6. Robert S. Eliot, "Relationship of Emotional Stress to the Heart," *Heart Disease and Stroke* 2, no. 3 (1993): 243—46.

7. John Gottman, *Why Marriages Succeed or Fail: And How You Can Make Yours Last* (New York: Fireside, 1994).

8. John M. Gottman, *The Marriage Clinic* (New York: W. W. Norton, 1999), 26—30, 35.

9. 同上, 41—44。

10. 同上, 44—45。

11. 同上, 45—46。

12. 同上, 45—46。

13. David Niven, *The 100 Simple Secrets of Happy People: What Scientists Have Learned and How You Can Use It* (New York: HarperCollins, 2000), 33.

14. 同上, 46。

15. 同上。

附录 B

1. 具体地说,我们使用了(a) Framingham A 类性格评估表(S. G. Haynes, M. Feinleib, 和 W. B. Kannel, "The Relationship of Psychosocial Factors to Coronary Heart Disease in the Framingham Study: Eight-year Incidence of Coronary Heart Disease," *American Journal of Epidemiology* 11 [1980]: 37—58); (b) 16 种人格因素评估标准中的主导性和焦虑程度次量表(R. B. Cattell, "Personality Structure and the New Fifth Edition of the 16PF," *Educational &*

注释

Psychological Measurement 55 [1995]: 926—937; R. B. Cattell, H. W. Eber, 和 M. M. Tatsuoka, *Handbook for the 16PF* [Champaign, IL: Institute for Personality and Ability Testing, Inc., 1970]);(c) 认知封闭需求度衡量标准(A. W. Kruglanski, D. M. Webster, 和 A. Klem, *Journal of Personality and Social Psychology* 65 [1993]: 861—876)。

2. 请注意正比例关系系数表明正比例关系(x 增长，y 也随之增长)，例如系数.40 比.30 所体现的正比例关系更强。反之,反比例系数表明反比例关系(x 增长，y 降低),系数-.40 比-.30 所反映的反比例关系更强。关系系数接近于零——无论在正数轴或负数轴上——都表明变量之间无相关关系。

作者简介

凯特·鲁德曼,哲学博士,知名高管培训师,曾与上千位首席执行官和高管合作过,地理范围遍及各大洲,行业跨及高科技、制药业和消费产品等。凭借丰富的经验和专业技巧,凯特向众多成功领导者及其同事提供了创新而实用的建议。工程师和心理学家的双重背景使她能够结合理性分析与心理学技巧,帮助领导者最大限度地提升业绩表现。

凯特曾任硅谷一家高科技公司的人力资源副总裁,现在是 Worth Ethic 顾问公司的创立者和首席执行官。她在多种商界论坛担当特别演讲人,并接受过上百个电视及广播节目的采访,还曾在美国广播公司达拉斯和旧金山的联合节目中做过主持。她的著作有:*The Work Ethic*,*Earn What You're Worth*,*The Corporate Mystic*(与盖伊·亨德里克斯合著,现已再版 11 次),以及 *Radical Change*,*Radical Results*(与埃迪·厄兰森合著)。

埃迪·厄兰森,医学博士,Worth Ethic 顾问公司执行副总裁。他培训高管,使他们改变低效的领导习惯,在个人、职业和团体三个层面取得更大意义的成功。他曾与政府和学界的多个管理团队合作,行业跨及高科技、制药业、医院、服务业和职业运动。

作者简介

埃迪曾在密歇根大学执教并任保健部门领导,是该学校的外科副教授和学生事务主任。他还在密歇根安阿伯的圣约瑟夫慈善医院主刀血管外科手术长达20年之久,与人合作创立并推广了科学益生课题,帮助成百上千名患者祛除健康风险、提高生命质量、在企业领导力方面取得持久成功。

凭借对行为改变、领导风格和压力影响的生物学基础的专业研究,埃迪运用独特策略帮助高管在维持巅峰表现的同时平稳工作与生活。作为颇受欢迎的主题演讲人,他的演讲把医学知识、运动耐力和培训高管的经验结合在一起,具有说服力和实际价值。

凯特和埃迪现已是夫妇,居住并工作在得克萨斯州的奥斯汀。他们的公司 Worth Ethic 提供高管个人培训及丰富的团体项目,希望为高效领导者解燃眉之急,并向精英培训师提供机构认证。欲知更多信息,请访问www. WorthEthic.com。